Triunfar

Eureka Math®
5.º grado
Módulos 5 y 6

Aprender • Practicar • Triunfar

Los materiales del estudiante de *Eureka Math®* para *Una historia de unidades*™ (K–5) están disponibles en la trilogía *Aprender, Practicar, Triunfar*. Esta serie apoya la diferenciación y la recuperación y, al mismo tiempo, permite la accesibilidad y la organización de los materiales del estudiante. Los educadores descubrirán que la trilogía *Aprender, Practicar y Triunfar* también ofrece recursos consistentes con la Respuesta a la intervención (RTI, por sus siglas en inglés), las prácticas complementarias y el aprendizaje durante el verano que, por ende, son de mayor efectividad.

Aprender

Aprender de *Eureka Math* constituye un material complementario en clase para el estudiante, a través del cual pueden mostrar su razonamiento, compartir lo que saben y observar cómo adquieren conocimientos día a día. *Aprender* reúne el trabajo en clase—la Puesta en práctica, los Boletos de salida, los Grupos de problemas, las plantillas—en un volumen de fácil consulta y al alcance del usuario.

Practicar

Cada lección de *Eureka Math* comienza con una serie de actividades de fluidez que promueven la energía y el entusiasmo, incluyendo aquellas que se encuentran en *Practicar* de *Eureka Math*. Los estudiantes con fluidez en las operaciones matemáticas pueden dominar más material, con mayor profundidad. En *Practicar*, los estudiantes adquieren competencia en las nuevas capacidades adquiridas y refuerzan el conocimiento previo a modo de preparación para la próxima lección.

En conjunto, *Aprender* y *Practicar* ofrecen todo el material impreso que los estudiantes utilizarán para su formación básica en matemáticas.

Triunfar

Triunfar de *Eureka Math* permite a los estudiantes trabajar individualmente para adquirir el dominio. Estos grupos de problemas complementarios están alineados con la enseñanza en clase, lección por lección, lo que hace que sean una herramienta ideal como tarea o práctica suplementaria. Con cada grupo de problemas se ofrece una Ayuda para la tarea, que consiste en un conjunto de problemas resueltos que muestran, a modo de ejemplo, cómo resolver problemas similares.

Los maestros y los tutores pueden recurrir a los libros de *Triunfar* de grados anteriores como instrumentos acordes con el currículo para solventar las deficiencias en el conocimiento básico. Los estudiantes avanzarán y progresarán con mayor rapidez gracias a la conexión que permiten hacer los modelos ya conocidos con el contenido del grado escolar actual del estudiante.

Estudiantes, familias y educadores:

Gracias por formar parte de la comunidad de *Eureka Math*®, donde celebramos la dicha, el asombro y la emoción que producen las matemáticas.

En las clases de *Eureka Math* se activan nuevos conocimientos a través del diálogo y de experiencias enriquecedoras. A través del libro *Aprender* los estudiantes cuentan con las indicaciones y la sucesión de problemas que necesitan para expresar y consolidar lo que aprendieron en clase.

¿Qué hay dentro del libro Aprender?

Puesta en práctica: la resolución de problemas en situaciones del mundo real es un aspecto cotidiano de *Eureka Math*. Los estudiantes adquieren confianza y perseverancia mientras aplican sus conocimientos en situaciones nuevas y diversas. El currículo promueve el uso del proceso LDE por parte de los estudiantes: Leer el problema, Dibujar para entender el problema y Escribir una ecuación y una solución. Los maestros son facilitadores mientras los estudiantes comparten su trabajo y explican sus estrategias de resolución a sus compañeros/as.

Grupos de problemas: una minuciosa secuencia de los Grupos de problemas ofrece la oportunidad de trabajar en clase en forma independiente, con diversos puntos de acceso para abordar la diferenciación. Los maestros pueden usar el proceso de preparación y personalización para seleccionar los problemas que son «obligatorios» para cada estudiante. Algunos estudiantes resuelven más problemas que otros; lo importante es que todos los estudiantes tengan un período de 10 minutos para practicar inmediatamente lo que han aprendido, con mínimo apoyo de la maestra.

Los estudiantes llevan el Grupo de problemas con ellos al punto culminante de cada lección: la Reflexión. Aquí, los estudiantes reflexionan con sus compañeros/as y el maestro, a través de la articulación y consolidación de lo que observaron, aprendieron y se preguntaron ese día.

Boletos de salida: a través del trabajo en el Boleto de salida diario, los estudiantes le muestran a su maestra lo que saben. Esta manera de verificar lo que entendieron los estudiantes ofrece al maestro, en tiempo real, valiosas pruebas de la eficacia de la enseñanza de ese día, lo cual permite identificar dónde es necesario enfocarse a continuación.

Plantillas: de vez en cuando, la Puesta en práctica, el Grupo de problemas u otra actividad en clase requieren que los estudiantes tengan su propia copia de una imagen, de un modelo reutilizable o de un grupo de datos. Se incluye cada una de estas plantillas en la primera lección que la requiere.

¿Dónde puedo obtener más información sobre los recursos de Eureka Math?

El equipo de Great Minds® ha asumido el compromiso de apoyar a estudiantes, familias y educadores a través de una biblioteca de recursos, en constante expansión, que se encuentra disponible en eureka-math.org. El sitio web también contiene historias exitosas e inspiradoras de la comunidad de *Eureka Math*. Comparte tus ideas y logros con otros usuarios y conviértete en un Campeón de *Eureka Math*.

¡Les deseo un año colmado de momentos "¡ajá!"!

Jill Diniz

Jill Diniz
Directora de matemáticas
Great Minds®

Contenido

Módulo 5: Suma y multiplicación con volumen y área

Módulo 6: Resolución de problemas con el plano de coordenadas

Tema F: Resumen de estos años: una reflexión sobre "Una historia de unidades"

5.º grado

Módulo 5

1. Kevin llenó un contenedor con 40 cubos de un centímetro. Sombrea el vaso de precipitado para mostrar cuánta agua almacenará el contenedor. Explica cómo lo sabes.

   Almacenará 40 mililitros de agua. Sé que $1 \text{ cm}^3 = 1 \text{ mL}$. Por lo tanto, 40 cm^3 es igual a 40 mL.

   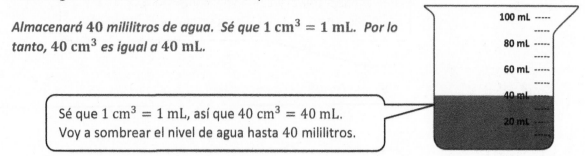

   Sé que $1 \text{ cm}^3 = 1 \text{ mL}$, así que $40 \text{ cm}^3 = 40 \text{ mL}$.
   Voy a sombrear el nivel de agua hasta 40 mililitros.

2. Un vaso de precipitado contiene 200 mL de agua. Joe quiere verter el agua en un contenedor que almacene el agua. ¿Cuál de los contenedores que se muestran debajo puede usar? Explica tus decisiones.

   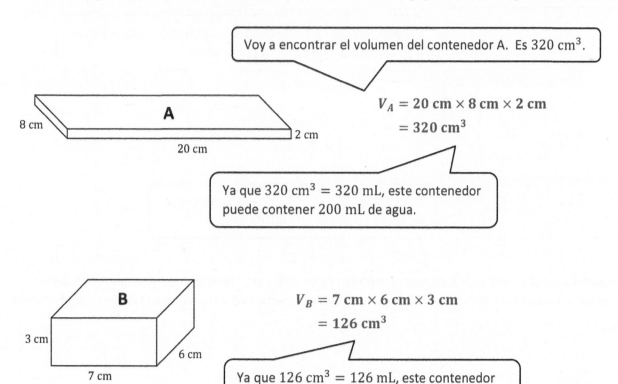

   Voy a encontrar el volumen del contenedor A. Es 320 cm^3.

   $$V_A = 20 \text{ cm} \times 8 \text{ cm} \times 2 \text{ cm}$$
   $$= 320 \text{ cm}^3$$

   8 cm   A   2 cm
   20 cm

   Ya que $320 \text{ cm}^3 = 320 \text{ mL}$, este contenedor puede contener 200 mL de agua.

   B

   3 cm   6 cm
   7 cm

   $$V_B = 7 \text{ cm} \times 6 \text{ cm} \times 3 \text{ cm}$$
   $$= 126 \text{ cm}^3$$

   Ya que $126 \text{ cm}^3 = 126 \text{ mL}$, este contenedor no puede contener 200 mL de agua.

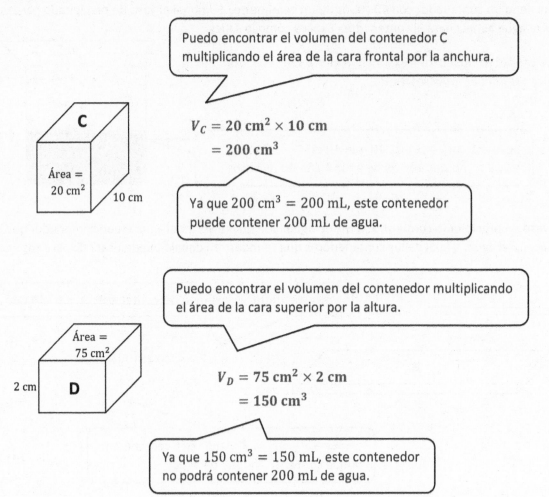

Puedo encontrar el volumen del contenedor C multiplicando el área de la cara frontal por la anchura.

$$V_C = 20 \text{ cm}^2 \times 10 \text{ cm}$$
$$= 200 \text{ cm}^3$$

Ya que $200 \text{ cm}^3 = 200$ mL, este contenedor puede contener 200 mL de agua.

Puedo encontrar el volumen del contenedor multiplicando el área de la cara superior por la altura.

$$V_D = 75 \text{ cm}^2 \times 2 \text{ cm}$$
$$= 150 \text{ cm}^3$$

Ya que $150 \text{ cm}^3 = 150$ mL, este contenedor no podrá contener 200 mL de agua.

Joe podrá usar el contenedor A porque el volumen es de 320 cm^3. También podrá usar el contenedor C porque el volumen es 200 cm^3. No podrá usar los contenedores B y D porque son demasiado pequeños.

Lección 5:   Usar la multiplicación para relacionar el *volumen al empacar* y el *volumen al rellenar*.

EUREKA MATH®

Nombre _____   Fecha _____

1. Johnny llenó un recipiente con cubitos de 30 centímetros. Sombrea el matraz para mostrar la cantidad de agua en el recipiente. Explica cómo lo sabes.

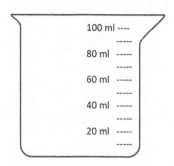

2. Un matraz contiene 250 ml de agua. Jack quiere verter el agua en un recipiente que pueda contener el agua. ¿Cuál de los contenedores representados a continuación podría usar? Explica tus elecciones.

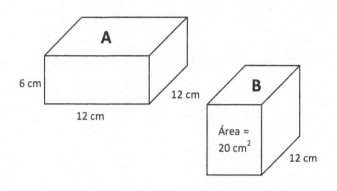

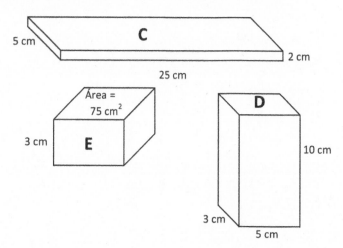

3. En el reverso de esta hoja, describe los detalles de las actividades que hiciste en la clase de hoy. Incluye lo que aprendiste sobre centímetros cúbicos y mililitros. Da un ejemplo de un problema que resolviste con una ilustración.

EUREKA MATH

Lección 5:   Usar la multiplicación para relacionar el *volumen al empacar* y el *volumen al rellenar*.

21

© 2019 Great Minds®. eureka-math.org

1. Encuentra el volumen de las figuras y registra tu estrategia de solución.

   a.

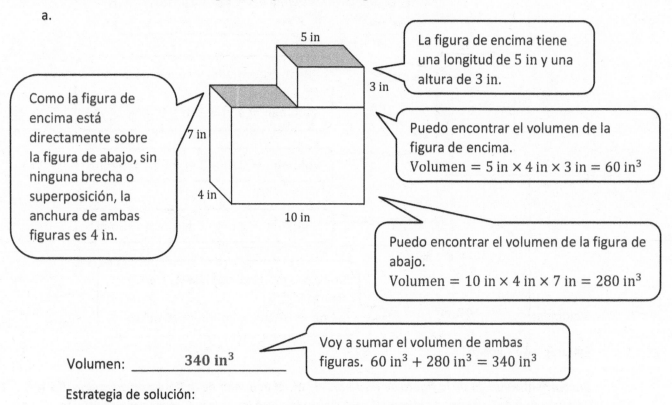

La figura de encima tiene una longitud de 5 in y una altura de 3 in.

Como la figura de encima está directamente sobre la figura de abajo, sin ninguna brecha o superposición, la anchura de ambas figuras es 4 in.

Puedo encontrar el volumen de la figura de encima.
Volumen = 5 in × 4 in × 3 in = 60 in³

Puedo encontrar el volumen de la figura de abajo.
Volumen = 10 in × 4 in × 7 in = 280 in³

Voy a sumar el volumen de ambas figuras. 60 in³ + 280 in³ = 340 in³

Volumen: _____ 340 in³ _____

Estrategia de solución:

Encontré el volumen de la figura de encima, 60 in³, y el volumen de la figura de abajo, 280 in³. Después sumé ambos volúmenes para obtener un total de 340 in³.

EUREKA MATH®

Lección 6:   Encontrar el volumen total de figuras sólidas compuestas de dos prismas rectangulares que no se sobreponen.

23

© 2019 Great Minds®. eureka-math.org

b.

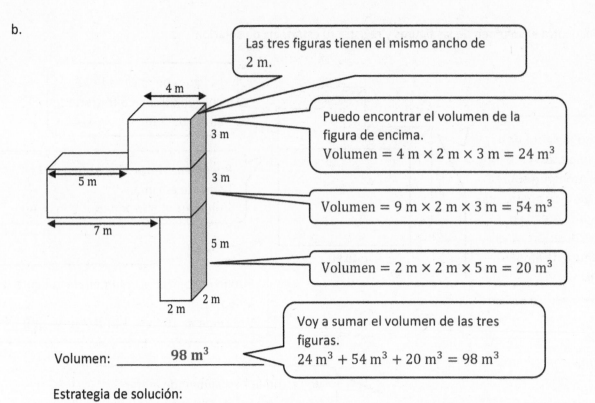

Las tres figuras tienen el mismo ancho de 2 m.

Puedo encontrar el volumen de la figura de encima.
Volumen = 4 m × 2 m × 3 m = 24 m³

Volumen = 9 m × 2 m × 3 m = 54 m³

Volumen = 2 m × 2 m × 5 m = 20 m³

Voy a sumar el volumen de las tres figuras.
24 m³ + 54 m³ + 20 m³ = 98 m³

Volumen: _____ 98 m³ _____

Estrategia de solución:

Encontré el volumen de la figura de encima, 24 m³, el volumen de la figura de en medio, 54 m³, y el volumen de la figura de abajo 20 m³. Después sumé los tres volúmenes para obtener un total de 98 m³.

2. Una pecera tiene un área base de 65 cm² y se llena con agua hasta una profundidad de 21 cm. Si la altura de la pecera es 30 cm, ¿cuánta agua más se necesitará para llenar la pecera hasta el borde?

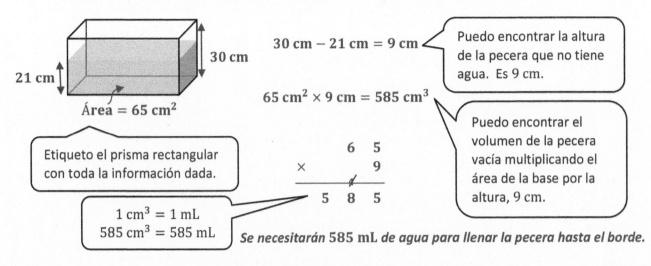

30 cm − 21 cm = 9 cm

Puedo encontrar la altura de la pecera que no tiene agua. Es 9 cm.

65 cm² × 9 cm = 585 cm³

Puedo encontrar el volumen de la pecera vacía multiplicando el área de la base por la altura, 9 cm.

Etiqueto el prisma rectangular con toda la información dada.

$$\begin{array}{r} 6\ 5 \\ \times \qquad 9 \\ \hline 5\ 8\ 5 \end{array}$$

1 cm³ = 1 mL
585 cm³ = 585 mL

Se necesitarán 585 mL de agua para llenar la pecera hasta el borde.

          Lección 6:   Encontrar el volumen total de figuras sólidas compuestas de dos prismas rectangulares que no se sobreponen.

© 2019 Great Minds®. eureka-math.org

EUREKA MATH®

Nombre _____   Fecha _____

1. Encuentra el volumen total de las formas y escribe tu estrategia de solución.

a.

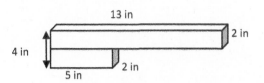
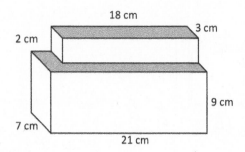

Volumen: _____

Estrategia de solución:

b.

Volumen: _____

Estrategia de solución:

c.

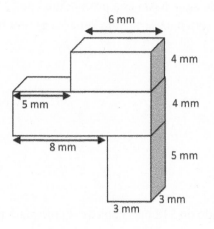

Volumen: _____

Estrategia de solución:

d.

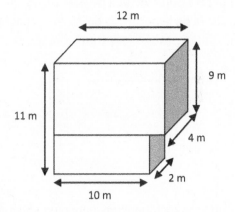

Volumen: _____

Estrategia de solución:

Lección 6:   Encontrar el volumen total de figuras sólidas compuestas de dos
prismas rectangulares que no se sobreponen.

25

EUREKA
MATH®

2. La figura siguiente está hecha de dos tamaños de prismas rectangulares. Un tipo de prisma mide 3 pulgadas por 6 pulgadas por 14 pulgadas. El otro tipo mide 15 pulgadas por 5 pulgadas por 10 pulgadas. ¿Cuál es el volumen total de esta cifra?

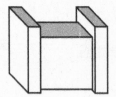

3. El volumen combinado de dos cubos idénticos es de 250 centímetros cúbicos. ¿Cuál es la medida del lado de un cubo?

4. Una pecera tiene un área de base de 45 cm² y se llena de agua hasta una profundidad de 12 cm. Si la altura de la pecera es de 25 cm, ¿cuánta agua más será necesaria para llenar la pecera hasta el tope?

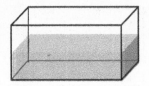

5. Tres prismas rectangulares tienen un volumen combinado de 518 pies cúbicos. El prisma A tiene un tercio del volumen del prisma B y los prismas B y C tienen el mismo volumen. ¿Cuál es el volumen de cada prisma?

Lección 6: Encontrar el volumen total de figuras sólidas compuestas de dos prismas rectangulares que no se sobreponen.

EUREKA MATH

Edwin construye jardineras rectangulares.

1. La primera jardinera de Edwin mide 6 pies de largo y 2 pies de ancho. El contenedor se llena con tierra hasta la altura de 3 pies en la jardinera. ¿Cuál es el volumen de tierra en la jardinera? Explica tu trabajo usando un diagrama.

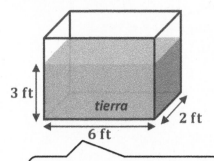

$$\text{Volumen} = \text{longitud} \times \text{altura} \times \text{ancho}$$

$$V = 6\,\text{ft} \times 2\,\text{ft} \times 3\,\text{ft} = 36\,\text{ft}^3$$

El volumen de la tierra en la jardinera es 36 pies cúbicos.

Dibujo un prisma rectangular y etiqueto toda la información dada.

Puedo multiplicar la longitud, ancho y altura de la tierra para encontrar el volumen de la tierra en la jardinera.

Para tener un volumen de 50 pies cúbicos necesito pensar en diferentes factores que pueda multiplicar para obtener 50. Ya que el volumen es tridimensional, tendré que pensar en 3 factores.

2. Edwin quiere cultivar algunas flores en dos jardineras. Quiere que cada jardinera tenga un volumen de 50 pies cúbicos, pero quiere que tengan diferentes dimensiones. Muestra dos formas diferentes en las que Edwin puede hacer estas jardineras y dibuja diagramas con las medidas de las jardineras en ellos.

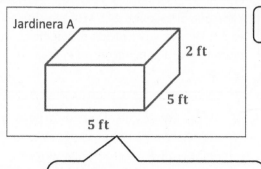

Jardinera A

Necesito pensar en 3 factores que den como producto 50.

$$\text{Volumen} = l \times a \times a$$

$$V = 5\,\text{ft} \times 5\,\text{ft} \times 2\,\text{ft} = 50\,\text{ft}^3$$

Dibujo un prisma rectangular y lo etiqueto con 5 pies por 5 pies por 2 pies.

Puedo verificar mi respuesta encontrando el volumen de la Jardinera A. La respuesta es 50 pies cúbicos.

EUREKA MATH®

Lección 7: Resolver problemas escritos que involucran el volumen de prismas rectangulares con longitudes de lados de números enteros.

27

© 2019 Great Minds®. eureka-math.org

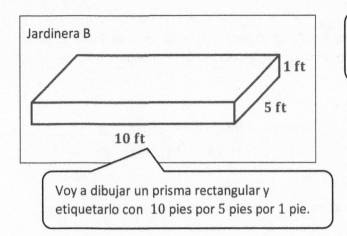

Jardinera B

1 ft

5 ft

10 ft

Necesito los 3 diferentes factores para la Jardinera B.
$10 \times 5 \times 1 = 50$

$$\text{Volumen} = l \times a \times a$$
$$V = 10 \text{ ft} \times 5 \text{ ft} \times 1 \text{ ft} = 50 \text{ ft}^3$$

Voy a dibujar un prisma rectangular y etiquetarlo con 10 pies por 5 pies por 1 pie.

Para tener un volumen de 30 pies cúbicos necesito pensar en tres factores que den el producto 30.

3. Edwin quiere hacer una jardinera que se extienda hasta justo debajo de su ventana trasera. La ventana empieza a 3 pies del suelo. Si quiere que la jardinera contenga 30 pies cúbicos de suelo, expresa una forma en la que podría construir la jardinera para que no sea más alta que 3 pies. Explica cómo lo sabes.

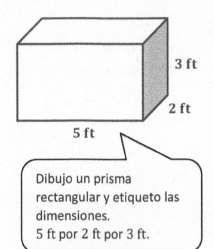

3 ft

2 ft

5 ft

El volumen es 30 pies cúbicos y una de las dimensiones no debe ser mayor a 3 pies. Así que voy a mantener la altura en 3 pies.

$$30 \text{ ft}^3 \div 3 \text{ ft} = 10 \text{ ft}^2$$

Ya sé que el volumen es 30 ft^3 y la altura es 3 ft, así que voy a dividir el volumen entre la altura para encontrar el área de la base.

$$10 \text{ ft}^2 = 5 \text{ ft} \times 2 \text{ ft}$$
$$\text{Longitud} = 5 \text{ ft}$$
$$\text{Ancho} = 2 \text{ ft}$$
$$\text{Altura} = 3 \text{ ft}$$

Dibujo un prisma rectangular y etiqueto las dimensiones.
5 ft por 2 ft por 3 ft.

Ahora que sé que el área de la base de la jardinera es 10 ft^2, necesito pensar en dos factores que tengan el producto 10. ¡5 y 2 funcionarán!

Como Edwin quiere construir una jardinera con una altura de 3 ft y un volumen de 30 ft^3, la base de la jardinera debería tener un área de 10 ft^2. Dibujé una jardinera con una longitud de 5 ft, un ancho de 2 ft y una altura de 3 ft.

       Resolver problemas escritos que involucran el volumen de prismas rectangulares con longitudes de lados de números enteros.

EUREKA MATH®

Nombre _____ Fecha _____

Wren hace algunas cajas de presentación rectangulares.

1. La primera caja de presentación de Wren es de 6 pulgadas de largo, 9 pulgadas de ancho y 4 pulgadas de alto. ¿Cuál es el volumen de la caja de presentación? Explica tu trabajo usando un diagrama.

2. Wren quiere poner algunas obras de arte en tres cajas de sombra. Ella sabe que todas ellas necesitan un volumen de 60 pulgadas cúbicas, pero quiere que todas sean diferentes. Muestra tres maneras diferentes en que Wren puede hacer estas cajas elaborando diagramas y poniendo las medidas.

Caja de sombra A	Caja de sombra B

Caja de sombra C	

Lección 7: Resolver problemas escritos que involucran el volumen de prismas rectangulares con longitudes de lados de números enteros.

29

© 2019 Great Minds®. eureka-math.org

3. Wren quiere construir una caja para organizar sus notas. Ella tiene una plantilla que tiene 12 pulgadas de ancho que necesita estar completamente plana en la parte inferior de la caja. La caja no debe ser más alta que 2 pulgadas. Nombra una forma en que se podría construir una caja de con un volumen de 72 pulgadas cúbicas.

4. Después de este organizador, Wren decide que ella también necesita más espacio de almacenamiento para su equipo de fútbol. Su caja de almacenamiento actual mide 1 pie de largo por 2 pies de ancho por 2 pies de altura. Se da cuenta de que tiene que reemplazarla por una caja con 12 pies cúbicos de almacenamiento, por lo que duplica el ancho.

   a. ¿Podrá lograr su objetivo si hace esto? ¿Por qué sí o por qué no?

   b. Si quiere mantener la altura igual, ¿cuáles podrían ser las otras dimensiones de una caja de almacenamiento de 12 pies cúbicos?

   c. Si se utilizan las dimensiones de la parte (b), ¿cuál es el área de la planta de la nueva caja de almacenamiento?

   d. ¿Cómo ha cambiado el área de la parte inferior en su nueva caja de almacenamiento? Explica cómo lo sabes.

Lección 7: Resolver problemas escritos que involucran el volumen de prismas rectangulares con longitudes de lados de números enteros.

© 2019 Great Minds®. eureka-math.org

EUREKA MATH®

1. Tengo un prisma con las dimensiones 8 in por 12 in por 20 in. Calcula el volumen del prisma y después proporciona las dimensiones de dos prismas diferentes que tengan $\frac{1}{4}$ del volumen cada uno.

> Para encontrar $\frac{1}{4}$ del volumen puedo usar el volumen del prisma original dividido entre 4.
> $\frac{1}{4}$ de 1,920 in^3 es igual a 480 in^3.

	Longitud	Ancho	Altura	Volumen
Prisma original	8 in	12 in	20 in	1,920 in^3

> Multiplico las tres dimensiones para encontrar el volumen original. 8 in × 12 in × 20 in = 1,920 in^3

	Longitud	Ancho	Altura	Volumen
Prisma 1	2 in	12 in	20 in	480 in^3

> Para crear un volumen que sea $\frac{1}{4}$ de 1,920, puedo cambiar una de las dimensiones y mantenerlas otras iguales.
> $\frac{1}{4}$ de 8 in es 2 in.

> 2 in × 12 in × 20 in = 480 in^3

	Longitud	Ancho	Altura	Volumen
Prisma 2	8 in	6 in	10 in	480 in^3

> Otra forma en la que puedo crear un volumen que sea $\frac{1}{4}$ de 1,920 es cambiar dos dimensiones y mantener la otra igual.
> $\frac{1}{2}$ de 12 in es 6 in.
> $\frac{1}{2}$ de 20 in es 10 in.

© 2019 Great Minds®. eureka-math.org

La habitación de Kayla tiene un volumen de 800 ft³.
10 ft × 8 ft × 10 ft = 800 ft³

Una manera de duplicar el volumen es duplicar una dimensión y mantener las otras iguales.

2. La habitación de Kayla tiene las dimensiones 10 ft por 8 ft por 10 ft. Su estudio tiene la misma altura (10 ft) pero el doble de volumen. Da dos grupos de posibles dimensiones para el estudio y el volumen del estudio.

Longitud: $10 \text{ ft} \times 2 = 20 \text{ ft}$

Ancho: 8 ft

Altura: 10 ft

Puedo duplicar la longitud, 10 ft × 2 = 20 ft, y mantener iguales tanto la anchura como la altura.

Volumen $= 20 \text{ ft} \times 8 \text{ ft} \times 10 \text{ ft} = 1{,}600 \text{ ft}^3$

1,600 ft³ es el doble del volumen original, 800 ft³.

Longitud: $10 \text{ ft} \times 4 = 40 \text{ ft}$

Ancho: $8 \text{ ft} \times \frac{1}{2} = 4 \text{ ft}$

Altura: 10 ft

Para duplicar el volumen también puedo cuadruplicar la longitud y cortar la anchura a la mitad.

Volumen $= 40 \text{ ft} \times 4 \text{ ft} \times 10 \text{ ft} = 1{,}600 \text{ ft}^3$

1,600 ft³ es el doble del volumen original, 800 ft³.

Lección 8:   Aplicar los conceptos y fórmulas de volumen para diseñar una escultura usando prismas rectangulares dentro de los parámetros dados.
© 2019 Great Minds®. eureka-math.org

EUREKA MATH®

Nombre _____   Fecha _____

1. Tengo un prisma con las dimensiones de 6 cm por 12 cm por 15 cm. Calcula el volumen del prisma y después da las dimensiones de tres prismas diferentes donde cada uno tenga $\frac{1}{3}$ de volumen.

	Longitud	Ancho	Altura	Volumen
Prisma original	6 cm	13 cm	15 cm	
Prisma 1				
Prisma 2				
Prisma 3				

2. El dormitorio de Sunni tiene las dimensiones de 11 pies por 10 pies por 10 pies. Su estudio tiene la misma altura, pero el doble del volumen. Da dos conjuntos de las posibles dimensiones del estudio y el volumen del estudio.

EUREKA MATH

Lección 8:   Aplicar los conceptos y fórmulas de volumen para diseñar una
escultura usando prismas rectangulares dentro de los parámetros
dados.

© 2019 Great Minds®. eureka-math.org

33

Encuentra tres prismas rectangulares en tu casa. Describe el artículo que estás midiendo (por ej. una caja de cereal, una caja de pañuelos) y después mide cada dimensión a la pulgada más cercana y calcula el volumen.

a.   Prisma rectangular A

Artículo: *Caja de cereal*

Voy a medir una caja de cereal y después multiplicaré las tres dimensiones para encontrar el volumen.

Altura: _____12_____ pulgadas

Longitud: _____8_____ pulgadas

Ancho: _____3_____ pulgadas

Volumen: _____288_____ pulgadas cúbicas

$$\text{Volumen} = \text{longitud} \times \text{ancho} \times \text{altura}$$
$$= 8 \text{ in} \times 3 \text{ in} \times 12 \text{ in}$$
$$= 288 \text{ in}^3$$

b.   Prisma rectangular B

Artículo: *Caja de pañuelos*

Voy a medir una caja de pañuelos y después multiplicar las tres dimensiones para encontrar el volumen.

Altura: _____3_____ pulgadas

Longitud: _____9_____ pulgadas

Ancho: _____5_____ pulgadas

Volumen: _____135_____ pulgadas cúbicas

$$\text{Volumen} = \text{longitud} \times \text{ancho} \times \text{altura}$$
$$= 9 \text{ in} \times 5 \text{ in} \times 3 \text{ in}$$
$$= 45 \text{ in}^2 \times 3 \text{ in}$$
$$= 135 \text{ in}^3$$

El volumen de la caja de pañuelos es 135 pulgadas cúbicas.

Nombre _____   Fecha _____

1. Encuentra tres prismas rectangulares alrededor de tu casa. Describe el artículo que estás midiendo (caja de cereal, caja de pañuelos, etc.) y después mide cada dimensión a la pulgada entera más cercana y calcula el volumen.

   a.   Prisma rectangular A

        Artículo:

        Alto: _____ pulgadas

        Largo: _____ pulgadas

        Ancho: _____ pulgadas

        Volumen: _____ pulgadas cúbicas

   b.   Prisma rectangular B

        Artículo:

        Alto: _____ pulgadas

        Largo: _____ pulgadas

        Ancho: _____ pulgadas

        Volumen: _____ pulgadas cúbicas

   c.   Prisma rectangular C

        Artículo:

        Alto: _____ pulgadas

        Largo: _____ pulgadas

        Ancho: _____ pulgadas

        Volumen: _____ pulgadas cúbicas

1. Alex puso losas en un rectángulo usando unidades cuadradas. Dibuja los rectángulos si es necesario. Llena la información que falta y después confirma el área con una multiplicación.

Rectángulo A:

> Veo las dimensiones del Rectángulo A, 4 unidades por $2\frac{1}{2}$ unidades.

Rectángulo A mide

4 unidades de largo por $2\frac{1}{2}$ unidades de ancho.

> Puedo dibujar una longitud de 4 unidades.

Área = ___10___ unidades cuadradas

4 unidades

2 unidades

$\frac{1}{2}$ *unidad*

> Puedo dibujar un rectángulo y mostrar un ancho de $2\frac{1}{2}$ unidades.

> Puedo contar los medios y ver que hay 4 medias unidades cuadradas, que es lo mismo que 2 unidades cuadradas. También puedo multiplicar.
> 4 unidades $\times \frac{1}{2}$ unidad = 2 unidades cuadradas

> Puedo contar los cuadros y ver que hay 8 unidades cuadradas enteras. También puedo multiplicar.
> 4 unidades $\times$ 2 unidades = 8 unidades cuadradas

> 8 unidades cuadradas + 2 unidades cuadradas = 10 unidades cuadradas

$$4\ unidades \times 2\frac{1}{2}\ unidades$$

> Puedo confirmar el área multiplicando la longitud por el ancho.

> El área del Rectángulo A es de 10 unidades cuadradas.

$$(4 \times 2) + \left(4 \times \frac{1}{2}\right)$$
$$= 8 + \frac{4}{2}$$
$$= 8 + 2$$
$$= 10$$

> Puedo usar el rectángulo que dibujé y la propiedad distributiva para ayudarme a multiplicar.
> 4 unidades $\times$ 2 unidades = 8 unidades cuadradas
> 4 unidades $\times \frac{1}{2}$ unidad $= \frac{4}{2}$ unidades cuadradas = 2 unidades cuadradas

Lección 10:   Encontrar el área de rectángulos con longitudes laterales en números enteros por mixtos y números enteros por fracciones usando mosaicos, registrar con dibujos y relacionarlos con la multiplicación de fracciones.

© 2019 Great Minds®. eureka-math.org

39

EUREKA MATH®

2. Juanita hizo un mosaico con losas rectangulares de diferentes colores. Dos losas azules medían $2\frac{1}{2}$ pulgadas × 3 pulgadas cada una. Cinco losas blancas medían 3 pulgadas × $2\frac{1}{4}$ pulgadas cada una. ¿Cuál es el área del mosaico entero en pulgadas cuadradas?

Puedo encontrar el área de una loza azul.

$2\frac{1}{2}$ in × 3 in

$(2 \times 3) + \left(\frac{1}{2} \times 3\right)$

$= 6 + \frac{3}{2}$

$= 6 + 1\frac{1}{2}$

$= 7\frac{1}{2}$

El área de 1 losa azul es $7\frac{1}{2}$ in².

Para encontrar el área de dos lozas azules puedo multiplicar el área por 2.

$1\ unidad = 7\frac{1}{2}\ in^2$

$2\ unidades = 2 \times 7\frac{1}{2}\ in^2$

$= (2 \times 7) + \left(2 \times \frac{1}{2}\right)$

$= 14 + \frac{2}{2}$

$= 14 + 1$

$= 15$

El área de 2 losas azules es $15\ in^2$.

Puedo encontrar el área de una losa blanca.

$3\ in \times 2\frac{1}{4}\ in$

$(3 \times 2) + \left(3 \times \frac{1}{4}\right)$

$= 6 + \frac{3}{4}$

$= 6\frac{3}{4}$

El área de 1 losa blanca es $6\frac{3}{4}$ in².

Para encontrar el área de dos losas blancas puedo multiplicar el área por 5.

$1\ unidad = 6\frac{3}{4}\ in^2$

$5\ unidades = 5 \times 6\frac{3}{4}\ in^2$

$= (5 \times 6) + \left(5 \times \frac{3}{4}\right)$

$= 30 + \frac{15}{4}$

$= 30 + 3\frac{3}{4}$

$= 33\frac{3}{4}$

El área de 5 losas blancas es $33\frac{3}{4}$ in².

$33\frac{3}{4}\ in^2 + 15\ in^2 = 48\frac{3}{4}\ in^2$

Puedo sumar las dos áreas para encontrar el área del mosaico entero.

El área del mosaico entero es $48\frac{3}{4}$ pulgadas cuadradas.

EUREKA MATH®

Nombre _____   Fecha _____

1. John puso algunos rectángulos de mosaicos utilizando unidades cuadradas. Dibuja los rectángulos si es necesario. Completa la información que falta y después confirma el área a multiplicar.

a. **Rectángulo A:**

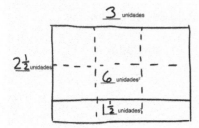

El rectángulo A es

_____3_____ unidades de largo

_____2½_____ unidades de ancho

Área = _____ unidades²

b. **Rectángulo B:**

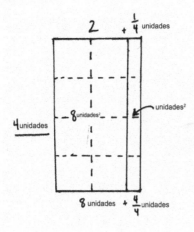

El rectángulo B es

_____ unidades de largo

_____ unidades de ancho

Área = _____ unidades²

c. **Rectángulo C:**

El rectángulo C es

_____3/4_____ unidades de largo

_____4_____ unidades de ancho

Área = _____ unidades²

Lección 10:   Encontrar el área de rectángulos con longitudes laterales en números enteros por mixtos y números enteros por fracciones usando mosaicos, registrar con dibujos y relacionarlos con la multiplicación de fracciones.

41

© 2019 Great Minds®. eureka-math.org

d. **Rectángulo D:**

El rectángulo D es

___2___ unidades de largo

___$1\frac{3}{4}$___ unidades de ancho

Área = _____ unidades^2

2. Raquel puso losas rectangulares de diferentes colores. Tres losas miden $3\frac{1}{2}$ pulgadas × 3 pulgadas. Seis losas miden 4 pulgadas × $3\frac{1}{4}$ pulgadas. ¿Cuál es el área de todas las losas en pulgadas cuadradas?

3. Una caja de jardín tiene un perímetro de $27\frac{1}{2}$ pies. Si la longitud es de 9 pies, ¿cuál es el área de la caja de jardín?

Lección 10:   Encontrar el área de rectángulos con longitudes laterales en números enteros por mixtos y números enteros por fracciones usando mosaicos, registrar con dibujos y relacionarlos con la multiplicación de fracciones.

© 2019 Great Minds®. eureka-math.org

EUREKA MATH

1. Cindy cubrió con losas los siguientes rectángulos usando unidades cuadradas. Dibuja los rectángulos y encuentra las áreas. Después confirma el área con una multiplicación.

   a. **Rectángulo A:**

   Veo las dimensiones del Rectángulo A, $3\frac{1}{2}$ unidades por $2\frac{1}{2}$ unidades.

   Puedo dibujar una longitud de $3\frac{1}{2}$ unidades.

   Rectángulo A mide $3\frac{1}{2}$ unidades de largo por $2\frac{1}{2}$ unidades de ancho.

   3 *unidades* $\frac{1}{2}$ *unidad*

   2 *unidades*

   Área = $8\frac{3}{4}$ unidades^2

   Dibujo un ancho de $2\frac{1}{2}$ unidades.

   $\frac{1}{2}$ *unidad*

   $3\frac{1}{2} \times 2\frac{1}{2}$

   $= (2 \times 3) + \left(2 \times \frac{1}{2}\right) + \left(\frac{1}{2} \times 3\right) + \left(\frac{1}{2} \times \frac{1}{2}\right)$

   $= 6 + \frac{2}{2} + \frac{3}{2} + \frac{1}{4}$

   $= 6 + 1 + 1\frac{1}{2} + \frac{1}{4}$

   $= 6 + 1 + 1\frac{2}{4} + \frac{1}{4}$

   $= 8\frac{3}{4}$

   Puedo ver el rectángulo de arriba para ayudarme a multiplicar.
   2 unidades $\times$ 3 unidades $= 6$ unidades^2
   2 unidades $\times \frac{1}{2}$ unidad $= \frac{2}{2}$ unidad$^2 = 1$ unidad^2
   $\frac{1}{2}$ unidad $\times$ 3 unidades $= \frac{3}{2}$ unidad$^2 = 1\frac{1}{2}$ unidad^2
   $\frac{1}{2}$ unidad $\times \frac{1}{2}$ unidad $= \frac{1}{4}$ unidad^2

   Renombro $1\frac{1}{2}$ como $1\frac{2}{4}$ para poder sumar.

   El área del Rectángulo A es $8\frac{3}{4}$ unidades cuadradas.

EUREKA MATH®

Lección 11:   Encontrar el área de rectángulos con longitudes laterales en números mixtos por números mixtos y fracciones por fracciones haciendo mosaicos, registrar con un dibujo y relacionarlos con la multiplicación de fracciones.

© 2019 Great Minds®. eureka-math.org

43

b. **Rectángulo B:**

Rectángulo B es

$3\frac{1}{3}$ unidades de largo por $\frac{3}{4}$ unidades de ancho.

Área = _____ $2\frac{1}{2}$ _____ unidades²

> Dibujo una longitud de $3\frac{1}{3}$ unidades.

3 *unidades* $\frac{1}{3}$ ***unidades***

$\frac{3}{4}$ ***unidades***

> Puedo multiplicar para encontrar el área.

> Dibujo y etiqueto el ancho como $\frac{3}{4}$ de la unidad.

$3\frac{1}{3} \times \frac{3}{4}$

$= \left(\frac{3}{4} \times 3\right) + \left(\frac{3}{4} \times \frac{1}{3}\right)$

$= \frac{9}{4} + \frac{3}{12}$

$= 2\frac{1}{4} + \frac{1}{4}$

$= 2\frac{2}{4}$

$= 2\frac{1}{2}$

> Puedo ver el rectángulo de arriba para ayudarme a multiplicar.
>
> $\frac{3}{4}$ unidad $\times$ 3 unidades $= \frac{9}{4}$ unidad² $= 2\frac{1}{4}$ unidad²
> $\frac{3}{4}$ unidad $\times \frac{1}{3}$ unidad $= \frac{3}{12}$ unidad² $= \frac{1}{4}$ unidad²

> El área del Rectángulo B es $2\frac{1}{2}$ unidades cuadradas.

Lección 11: Encontrar el área de rectángulos con longitudes laterales en números mixtos
por números mixtos y fracciones por fracciones haciendo mosaicos, registrar
con un dibujo y relacionarlos con la multiplicación de fracciones.

© 2019 Great Minds®. eureka-math.org

EUREKA
MATH®

2.   Un cuadrado tiene un perímetro de 36 pulgadas. ¿Cuál es el área del cuadrado?

> Los cuatro lados son iguales en un cuadrado.

> Ya que el perímetro del cuadrado es 36 pulgadas voy a usar 36 pulgadas divididas entre 4 para encontrar la longitud de un lado.
> 36 pulgadas ÷ 4 = 9 pulgadas

?

Área = ?

Perímetro = 36 in

36 in ÷ 4 = 9 in

Área = longitud × ancho

= 9 in × 9 in

= 81 in^2

> Área es igual a longitud por ancho. Voy a multiplicar 9 pulgadas por 9 pulgadas para encontrar un área de 81 pulgadas cuadradas.

> Puedo dibujar un cuadrado y etiquetar tanto el área como la longitud de un lado con un signo de interrogación.

El área del cuadrado es 81 in^2.

EUREKA MATH®

Lección 11:   Encontrar el área de rectángulos con longitudes laterales en números mixtos
por números mixtos y fracciones por fracciones haciendo mosaicos, registrar
con un dibujo y relacionarlos con la multiplicación de fracciones.

© 2019 Great Minds®. eureka-math.org

45

Nombre _____   Fecha _____

1. Kristen puso losas en los siguientes rectángulos utilizando unidades cuadradas. Dibuja los rectángulos y encuentra las áreas.
   Después, comprueba el área multiplicando. Un rectángulo se ha dibujado para ti.

   a. **Rectángulo A:**

   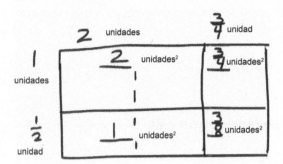

   El rectángulo A es

   _____ unidades de largo ×

   _____ unidades de ancho

   Área = _____ unidades^2

   b. **Rectángulo B:**

   El rectángulo B es

   $2\frac{1}{2}$ unidades de largo × $\frac{3}{4}$ unidades de ancho

   Área = _____ unidades^2

   c. **Rectángulo C:**

   El rectángulo C es

   $3\frac{1}{3}$ unidades de largo × $2\frac{1}{2}$ unidades de ancho

   Área = _____ unidades^2

d.   **Rectángulo D:**

El rectángulo D es

$3\frac{1}{2}$ unidades de largo $\times$ $2\frac{1}{4}$ unidades de ancho

Área = _____ unidades²

2.   Un cuadrado tiene un perímetro de 25 pulgadas. ¿Cuál es el área del cuadrado?

Lección 11:   Encontrar el área de rectángulos con longitudes laterales en números mixtos
por números mixtos y fracciones por fracciones haciendo mosaicos, registrar
con un dibujo y relacionarlos con la multiplicación de fracciones.

© 2019 Great Minds®. eureka-math.org

1. Mide el rectángulo al $\frac{1}{4}$ de pulgada más cercana con tu regla y etiqueta las dimensiones. Usa el modelo de área para encontrar el área.

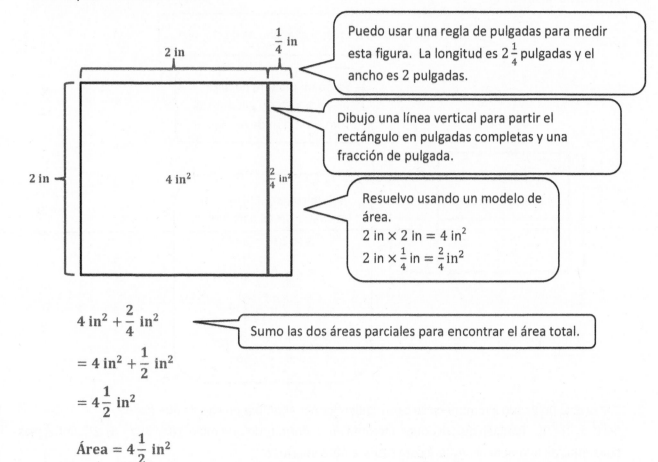

Puedo usar una regla de pulgadas para medir esta figura. La longitud es $2\frac{1}{4}$ pulgadas y el ancho es 2 pulgadas.

Dibujo una línea vertical para partir el rectángulo en pulgadas completas y una fracción de pulgada.

Resuelvo usando un modelo de área.
$2 \text{ in} \times 2 \text{ in} = 4 \text{ in}^2$
$2 \text{ in} \times \frac{1}{4} \text{ in} = \frac{2}{4} \text{ in}^2$

$4 \text{ in}^2 + \frac{2}{4} \text{ in}^2$

Sumo las dos áreas parciales para encontrar el área total.

$= 4 \text{ in}^2 + \frac{1}{2} \text{ in}^2$

$= 4\frac{1}{2} \text{ in}^2$

$\text{Área} = 4\frac{1}{2} \text{ in}^2$

EUREKA MATH

Lección 12:   Medir para encontrar el área de rectángulos con longitudes laterales fraccionarias.

© 2019 Great Minds®. eureka-math.org

49

2. Encuentra el área del rectángulo con las siguientes dimensiones. Explica tu razonamiento usando un modelo de área.

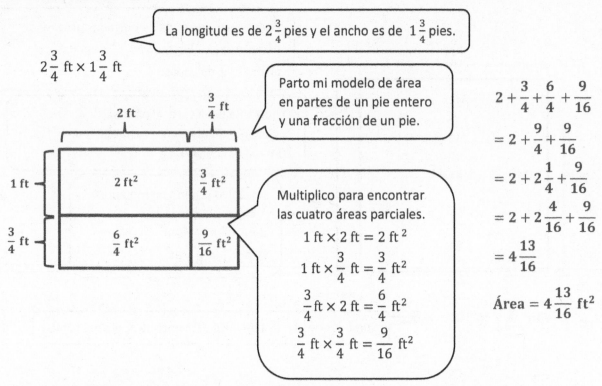

La longitud es de $2\frac{3}{4}$ pies y el ancho es de $1\frac{3}{4}$ pies.

$2\frac{3}{4}$ ft $\times$ $1\frac{3}{4}$ ft

Parto mi modelo de área en partes de un pie entero y una fracción de un pie.

2 ft

$\frac{3}{4}$ ft

1 ft — 2 ft² | $\frac{3}{4}$ ft²

$\frac{3}{4}$ ft — $\frac{6}{4}$ ft² | $\frac{9}{16}$ ft²

Multiplico para encontrar las cuatro áreas parciales.

$1 \text{ ft} \times 2 \text{ ft} = 2 \text{ ft}^2$

$1 \text{ ft} \times \frac{3}{4} \text{ ft} = \frac{3}{4} \text{ ft}^2$

$\frac{3}{4} \text{ ft} \times 2 \text{ ft} = \frac{6}{4} \text{ ft}^2$

$\frac{3}{4} \text{ ft} \times \frac{3}{4} \text{ ft} = \frac{9}{16} \text{ ft}^2$

$2 + \frac{3}{4} + \frac{6}{4} + \frac{9}{16}$

$= 2 + \frac{9}{4} + \frac{9}{16}$

$= 2 + 2\frac{1}{4} + \frac{9}{16}$

$= 2 + 2\frac{4}{16} + \frac{9}{16}$

$= 4\frac{13}{16}$

Área $= 4\frac{13}{16}$ ft²

2. Zikera está poniendo alfombra en su casa. Quiere poner alfombra en su sala que mide $12 \text{ ft} \times 10\frac{1}{2} \text{ ft}$. También quiere poner alfombra en su dormitorio que mide $10 \text{ ft} \times 7\frac{1}{2} \text{ ft}$. ¿Cuántos pies cuadrados de alfombra necesitará para cubrir ambos cuartos?

Área de la sala:

$12 \text{ ft} \times 10\frac{1}{2} \text{ ft}$

$(12 \times 10) + \left(12 \times \frac{1}{2}\right)$

$= 120 + 6$

$= 126$

Área $= 126$ ft²

Encuentro el área de la sala multiplicando la longitud por el ancho. Es 126 pies cuadrados.

Área del dormitorio:

$10 \text{ ft} \times 7\frac{1}{2} \text{ ft}$

$10 \times \frac{15}{2}$

$= \frac{150}{2}$

$= 75$

Área $= 75$ ft²

Encuentro el área del dormitorio multiplicando la longitud por el ancho. Es 75 pies cuadrados.

$126 \text{ ft}^2 + 75 \text{ ft}^2 = 201 \text{ ft}^2$

Va a necesitar 201 pies cuadrados de alfombra para cubrir ambos cuartos.

Combino el área de ambos cuartos para encontrar el área total. El total es 201 pies cuadrados.

Lección 12: Medir para encontrar el área de rectángulos con longitudes laterales fraccionarias.

EUREKA MATH®

Nombre _____   Fecha _____

1. Mide cada rectángulo a la $\frac{1}{4}$ pulgada más cercana con tu regla e indica las dimensiones. Utiliza el modelo de área para encontrar el área.

a.

b.

c.

d.

e.

Lección 12:   Medir para encontrar el área de rectángulos con longitudes laterales
               fraccionarias.

© 2019 Great Minds®. eureka-math.org

51

2. Encuentra el área de los rectángulos con las siguientes dimensiones. Explica tu pensamiento utilizando el modelo de área.

   a. $2\frac{1}{4}$ yd. $\times \frac{1}{4}$ yd.

   b. $2\frac{1}{2}$ pies $\times 1\frac{1}{4}$ pies

3. Kelly compró una lona para cubrir el área bajo su carpa. La carpa tiene 4 pies de ancho y un área de 31 pies cuadrados. La lona que compró tienen $5\frac{1}{3}$ pies por $5\frac{3}{4}$ pies. ¿Puede la lona cubrir el área bajo la carpa de Kelly? Dibujen un modelo para mostrar su forma de pensar.

4. Shannon y Leslie quieren alfombrar una habitación de $16\frac{1}{2}$ pies por $16\frac{1}{2}$ pies cuadrados. No pueden poner alfombra bajo un sistema de entretenimiento que está adentro. (Ve el dibujo a continuación).

   a. En pies cuadrados, ¿cuál es el área del espacio sin alfombra?

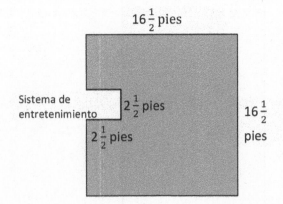

$16\frac{1}{2}$ pies

Sistema de entretenimiento

$2\frac{1}{2}$ pies

$2\frac{1}{2}$ pies

$16\frac{1}{2}$ pies

   b. ¿Cuántos pies cuadrados de alfombra necesitan comprar Shannon y Leslie?

Lección 12: Medir para encontrar el área de rectángulos con longitudes laterales fraccionarias.

© 2019 Great Minds®. eureka-math.org

EUREKA MATH

1. Encuentra el área de los siguientes rectángulos. Si te ayuda, dibuja un modelo de área.

a. $\frac{35}{4}$ ft $\times\ 2\frac{3}{7}$ ft

> Puedo usar la multiplicación para encontrar el área.

$$\frac{35}{4} \times \frac{17}{7}$$

> Puedo renombrar $2\frac{3}{7}$ como una fracción mayor a uno, $\frac{17}{7}$.

$$= \frac{{}^{5}\cancel{35} \times 17}{4 \times \cancel{7}^{\,1}}$$

$$= \frac{5 \times 17}{4 \times 1}$$

> 35 y 7 tienen el factor común 7. $35 \div 7 = 5$, y $7 \div 7 = 1$. El nuevo numerador es 5×17 y el denominador es 4×1.

$$= \frac{85}{4}$$

$$= 21\frac{1}{4}$$

> Puedo usar la división para convertir de una fracción a un número mixto.
> 85 dividido entre 4 es igual a $21\frac{1}{4}$.

$$\text{Área} = 21\frac{1}{4} \text{ft}^2$$

b. $4\frac{2}{3}$ m $\times\ 2\frac{3}{5}$ m

> Uso el modelo de área para resolver este problema.

	4 m	$\frac{2}{3}$ m
2 m	8 m²	$\frac{4}{3}$ m² $= 1\frac{1}{3}$ m²
$\frac{3}{5}$ m	$\frac{12}{5}$ m² $= 2\frac{2}{5}$ m²	$\frac{6}{15}$ m²

> Puedo multiplicar para encontrar los cuatro productos parciales.
> 2 m $\times$ 4 m $= 8$ m²
> 2 m $\times\ \frac{2}{3}$ m $= \frac{4}{3}$ m² $= 1\frac{1}{3}$ m²
> $\frac{3}{5}$ m $\times$ 4 m $= \frac{12}{5}$ m² $= 2\frac{2}{5}$ m²
> $\frac{3}{5}$ m $\times\ \frac{2}{3}$ m $= \frac{6}{15}$ m²

> Puedo sumar los cuatro productos parciales para encontrar el área.

$$8 \text{ m}^2 + 1\frac{1}{3} \text{ m}^2 + 2\frac{2}{5} \text{ m}^2 + \frac{6}{15} \text{ m}^2$$

$$= 11 \text{ m}^2 + \frac{1}{3} \text{ m}^2 + \frac{2}{5} \text{ m}^2 + \frac{6}{15} \text{ m}^2$$

$$= 11 \text{ m}^2 + \frac{5}{15} \text{ m}^2 + \frac{6}{15} \text{ m}^2 + \frac{6}{15} \text{ m}^2$$

$$= 11 \text{ m}^2 + \frac{17}{15} \text{ m}^2$$

$$= 11 \text{ m}^2 + 1\frac{2}{15} \text{ m}^2$$

$$= 12\frac{2}{15} \text{ m}^2$$

$$\text{Área} = 12\frac{2}{15} \text{m}^2$$

EUREKA MATH®

Lección 13:   Multiplicar los factores de números mixtos y relacionarlos con la propiedad distributiva y el modelo de área.

53

© 2019 Great Minds®. eureka-math.org

2. Meigan está cortando rectángulos de tela para hacer una colcha. Si los rectángulos miden $4\frac{3}{4}$ pulgadas de largo y $2\frac{1}{2}$ pulgadas de ancho ¿cuál es el área de cinco de esos rectángulos?

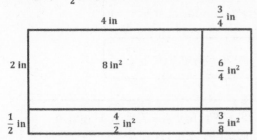

> Puedo encontrar el área de 1 rectángulo y después multiplicar por 5 para encontrar el área total de 5 rectángulos.

$$4\frac{3}{4} \times 2\frac{1}{2}$$

$$= (4 \times 2) + \left(4 \times \frac{1}{2}\right) + \left(\frac{3}{4} \times 2\right) + \left(\frac{3}{4} \times \frac{1}{2}\right)$$

$$= 8 + \frac{4}{2} + \frac{6}{4} + \frac{3}{8}$$

$$= 8 + 2 + 1\frac{2}{4} + \frac{3}{8}$$

$$= 11 + \frac{4}{8} + \frac{3}{8}$$

$$= 11\frac{7}{8}$$

> Dibujo un modelo de área para ayudarme a encontrar el área de 1 rectángulo.

> Puedo sumar los cuatro productos parciales. El área de 1 rectángulo es $11\frac{7}{8}$ pulgadas cuadradas.

$$1 \; unidad = 11\frac{7}{8} \; in^2$$

$$5 \; unidades = 5 \times 11\frac{7}{8} \; in^2$$

> El área de 1 rectángulo o 1 unidad es igual a $11\frac{7}{8}$ pulgadas cuadradas. Puedo multiplicar por 5 para encontrar el área de 5 rectángulos o 5 unidades.

$$(5 \times 11) + \left(5 \times \frac{7}{8}\right)$$

$$= 55 + \frac{35}{8}$$

$$= 55 + 4\frac{3}{8}$$

$$= 59\frac{3}{8}$$

El área de cinco rectángulos es $59\frac{3}{8}$ pulgadas cuadradas.

54   Lección 13:   Multiplicar los factores de números mixtos y relacionarlos con la propiedad distributiva y el modelo de área.

© 2019 Great Minds®. eureka-math.org

EUREKA
MATH

Nombre _____ Fecha _____

1. Encuentra el área de los siguientes rectángulos. Dibuja un modelo de área si te ayuda.

   a. $\frac{8}{3}$ cm × $\frac{24}{4}$ cm

   b. $\frac{32}{5}$ pies × $3\frac{3}{8}$ pies

   c. $5\frac{4}{6}$ in × $4\frac{3}{5}$ in

   d. $\frac{5}{7}$ m × $6\frac{3}{5}$ m

2. Chris está haciendo una mesa de algunas losas sobrantes. Tiene 9 losas que miden $3\frac{1}{8}$ pulgadas de largo y $2\frac{3}{4}$ pulgadas de ancho. ¿Cuál es el área más grande que puede cubrir con estas losas?

EUREKA MATH

Lección 13: Multiplicar los factores de números mixtos y relacionarlos con la propiedad distributiva y el modelo de área.

© 2019 Great Minds®. eureka-math.org

55

3. Un hotel está cambiando la alfombra de una sección del vestíbulo. La alfombra cubre la parte de la planta tal como se muestra a continuación en gris. ¿Cuántos pies cuadrados de alfombra se necesitarán?

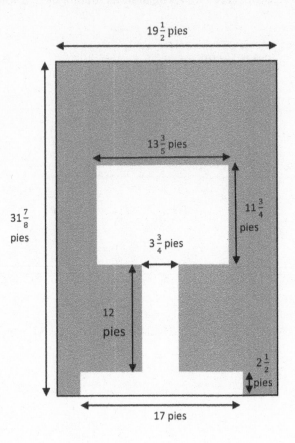

Lección 13: Multiplicar los factores de números mixtos y relacionarlos con la propiedad distributiva y el modelo de área.

© 2019 Great Minds®. eureka-math.org

1. Sam decidió pintar una pared con dos ventanas. Las áreas grises debajo muestran dónde están las ventanas. Estas no van a pintarse. Ambas ventanas son rectángulos de $2\frac{1}{2}$ ft por $4\frac{1}{2}$ ft. Encuentra el área que debe cubrir la pintura.

$13\frac{1}{2}$ ft

9 ft

> Puedo restar el área de dos ventanas del área de la pared para encontrar el área que debe cubrir la pintura.

Área de 1 ventana:

$2\frac{1}{2}$ ft $\times 4\frac{1}{2}$ ft

$\frac{5}{2} \times \frac{9}{2}$

$= \frac{45}{4}$

$= 11\frac{1}{4}$

> El área de 1 ventana es $11\frac{1}{4}$ ft².

Área $= 11\frac{1}{4}$ ft²

Área de 2 ventanas:

1 *unidad* $= 11\frac{1}{4}$ ft²

2 *unidades* $= 2 \times 11\frac{1}{4}$ ft²

$(2 \times 11) + \left(2 \times \frac{1}{4}\right)$

$= 22 + \frac{2}{4}$

$= 22\frac{1}{2}$

> Puedo duplicar el área de 1 ventana para encontrar el área de 2 ventanas. El área total es $22\frac{1}{2}$ ft².

Área $= 22\frac{1}{2}$ ft²

Área de la pared:

$13\frac{1}{2}$ ft $\times 9$ ft

$(13 \times 9) + \left(\frac{1}{2} \times 9\right)$

$= 117 + \frac{9}{2}$

$= 117 + 4\frac{1}{2}$

$= 121\frac{1}{2}$

Área $= 121\frac{1}{2}$ ft²

> Puedo restar el área de las 2 ventanas del área de la pared.

$121\frac{1}{2}$ ft² $- 22\frac{1}{2}$ ft² $= 99$ ft²

La pintura necesita cubrir 99 pies cuadrados.

EUREKA MATH®

Lección 14: Resolver problemas reales que involucran el área de figuras con longitudes laterales fraccionarias usando modelos visuales y/o ecuaciones.

© 2019 Great Minds®. eureka-math.org

57

2. Mason usa losas cuadradas, algunas de las cuales corta a la mitad, para hacer la figura de abajo.

Si la longitud de un lado de cada losa cuadrada es $3\frac{1}{2}$ pulgadas, ¿cuál es el área total de la figura?

Total de losas:

7 *losas enteras* + 6 *medias losas* = 10 *losas enteras*

> Cuento las losas en la figura. Hay un total de 10 losas enteras.

Área de 1 losa:

$3\frac{1}{2}$ in $\times\ 3\frac{1}{2}$ in

$\frac{7}{2}\times\frac{7}{2}$

$=\frac{49}{4}$

$=12\frac{1}{4}$

> Puedo encontrar el área de 1 losa cuadrada. $3\frac{1}{2}$ in $\times\ 3\frac{1}{2}$ in $=12\frac{1}{4}$ in^2.

Área $=12\frac{1}{4}$ in^2

Área de 10 losas:

> Para encontrar el área de 10 losas, puedo multiplicar el área de 1 losa por 10.

1 *unidad* $=12\frac{1}{4}$ in^2

10 *unidades* $=10\times12\frac{1}{4}$ in^2

$(10\times12)+\left(10\times\frac{1}{4}\right)$

$=120+\frac{10}{4}$

$=120+2\frac{2}{4}$

$=122\frac{1}{2}$

El área total de la figura es $122\frac{1}{2}$ pulgadas cuadradas.

Lección 14:   Resolver problemas reales que involucran el área de figuras con longitudes laterales fraccionarias usando modelos visuales y/o ecuaciones.

EUREKA MATH

Nombre _____

Fecha _____

1. El Sr. Albano quiere pintar menús en la pared de su cafetería con pintura de pizarrón. El área gris muestra dónde estarán los menús rectangulares. Cada menú medirá 6 pies de ancho y $7\frac{1}{2}$ pies de alto.

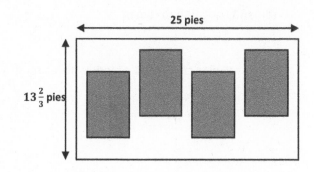

*   ¿Cuántos pies cuadrados de espacio tendrá el menú del Sr. Albano?

*   ¿Cuál es el área del espacio de la pared que no está cubierta por la pintura de pizarrón?

2. El Sr. Albano quiere poner losas en forma de un dinosaurio en la entrada principal. Él tendrá que cortar algunas losas a la mitad para hacer la figura. Si cada losa cuadrada tiene $4\frac{1}{4}$ pulgadas a cada lado, ¿cuál es el área total de los dinosaurios?

EUREKA MATH

Lección 14:   Resolver problemas reales que involucran el área de figuras con longitudes
                laterales fraccionarias usando modelos visuales y/o ecuaciones.

© 2019 Great Minds®. eureka-math.org

59

3. A-Plus Glass está haciendo ventanas para una nueva casa que se está construyendo. La caja muestra la lista de tamaños que deben tomar.

¿Cuántos pies cuadrados de vidrio necesitarán?

> **15 ventanas** $4\frac{3}{4}$ pies de largo y $3\frac{3}{5}$ pies de ancho
>
> **7 ventanas** $2\frac{4}{5}$ pies de ancho y $6\frac{1}{2}$ pies de largo.

4. El Sr. Johnson tiene que comprar semillas para su jardín del patio trasero.

- Si el pasto mide $40\frac{4}{5}$ pies por $50\frac{7}{8}$ pies, ¿cuántos pies cuadrados de semillas necesitaría para cubrir toda el área?

- Una bolsa de semilla cubrirá 500 pies cuadrados si él pone su esparcidor de semillas a su posición más alta y 300 pies cuadrados si pone el esparcidor en su posición más baja. ¿Cuántas bolsas de semillas necesitaría si utiliza el ajuste más alto? ¿Y ell ajuste más bajo?

Lección 14:   Resolver problemas reales que involucran el área de figuras con longitudes laterales fraccionarias usando modelos visuales y/o ecuaciones.

EUREKA MATH®

1. La longitud de una cama de flores es 3 veces tan larga como su ancho. Si el ancho mide $\frac{4}{5}$ metros, ¿cuál es el área de la cama de flores?

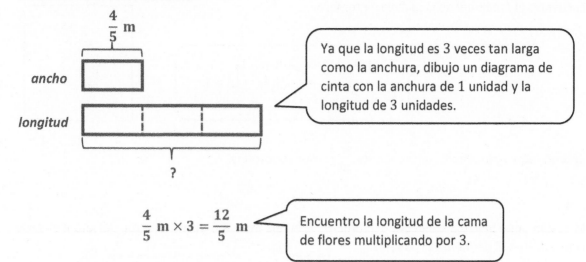

$\frac{4}{5}$ m

ancho

longitud

?

Ya que la longitud es 3 veces tan larga como la anchura, dibujo un diagrama de cinta con la anchura de 1 unidad y la longitud de 3 unidades.

$$\frac{4}{5}\ \text{m} \times 3 = \frac{12}{5}\ \text{m}$$

Encuentro la longitud de la cama de flores multiplicando por 3.

$$\text{Área} = \text{longitud} \times \text{ancho}$$
$$= \frac{12}{5}\ \text{m} \times \frac{4}{5}\ \text{m}$$
$$= \frac{48}{25}\ \text{m}^2$$
$$= 1\frac{23}{25}\ \text{m}^2$$

Encuentro el área de la cama de flores multiplicando la longitud por la anchura.

El área de la cama de flores es $1\frac{23}{25}$ metros cuadrados.

EUREKA
MATH®

Lección 15:   Resolver problemas reales que involucran el área de figuras con longitudes laterales fraccionarias usando modelos visuales y/o ecuaciones.

© 2019 Great Minds®. eureka-math.org

61

2. Mrs. Tran cultiva hierbas en parcelas cuadradas. Su parcela de romero mide $\frac{5}{6}$ yd de cada lado.

a. Encuentra el área total de la parcela de romero.

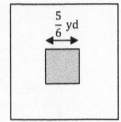
$\frac{5}{6}$ yd

Área = longitud × ancho

$= \frac{5}{6}$ yd $\times \frac{5}{6}$ yd

$= \frac{25}{36}$ yd^2

> Multiplico la longitud por la anchura para encontrar el área de la parcela de romero.

El área total de la parcela de romero es $\frac{25}{36}$ yardas cuadradas.

b. Mrs. Tran pone una reja alrededor del romero. Si la reja mide 2 ft desde el borde del jardín en cada lado, ¿cuál es el perímetro de la reja?

$\frac{5}{6}$ yd $= \frac{5}{6} \times 1$ yd

$\quad = \frac{5}{6} \times 3$ ft

$\quad = \frac{15}{6}$ ft

$\quad = 2\frac{3}{6}$ ft

$\quad = 2\frac{1}{2}$ ft

> Veo que la unidad aquí son los pies, pero el área que encontré en la parte (a) de arriba estaba en yardas.

> Convierto $\frac{5}{6}$ yardas a pies. La longitud de la parcela de romero es $2\frac{1}{2}$ pies.

Un lado de la reja:

$2\frac{1}{2}$ ft $+ 4$ ft $= 6\frac{1}{2}$ ft

> Ahora encuentro la longitud de un lado de la reja. Como la reja mide 2 pies desde el borde del jardín en cada lado, sumo 4 pies al lado de la parcela de romero, $2\frac{1}{2}$ feet.
> Cada lado de la reja mide $6\frac{1}{2}$ pies de largo.

Perímetro de la reja:

$6\frac{1}{2}$ ft $\times 4$

$= (6 \text{ ft} \times 4) + \left(\frac{1}{2} \text{ ft} \times 4\right)$

$= 24 \text{ ft} + \frac{4}{2}$ ft

$= 24 \text{ ft} + 2$ ft

$= 26$ ft

> Multiplico un lado de la reja, $6\frac{1}{2}$ pies, por 4 para encontrar el perímetro.

El perímetro de la reja es 26 pies.

   Lección 15:   Resolver problemas reales que involucran el área de figuras con longitudes laterales fraccionarias usando modelos visuales y/o ecuaciones.

EUREKA MATH®

Nombre _____ Fecha _____

1. El ancho de una mesa de picnic es 3 veces su longitud. Si la longitud tiene $\frac{5}{6}$ yd de largo, ¿cuál es el área de la mesa de picnic en pies cuadrados?

2. Una empresa de pintura pintará la pared de un edificio. El propietario les da las siguientes dimensiones:

Una ventana tiene $6\frac{1}{4}$ pies $\times$ $5\frac{3}{4}$ pies.

La ventana B tiene $3\frac{1}{8}$ pies $\times$ 4 pies.

La ventana C tiene $9\frac{1}{2}$ pies².

La puerta D tiene 4 pies $\times$ 8 pies.

$52\frac{1}{2}$ pies

33 pies

A   B   C   D

¿Cuál es el área de la parte pintada de la pared?

Lección 15: Resolver problemas reales que involucran el área de figuras con longitudes laterales fraccionarias usando modelos visuales y/o ecuaciones.

63

EUREKA MATH

3. Una pieza de madera decorativa se compone de cuatro rectángulos como se muestra a la derecha. Las medidas del rectángulo más pequeño de $4\frac{1}{2}$ pulgadas por $7\frac{3}{4}$ pulgadas. Si $2\frac{1}{4}$ pulgadas se añaden a cada dimensión a medida que los rectángulos se hacen más grandes, ¿cuál es el área total de la pieza completa?

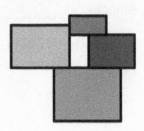

Lección 15:   Resolver problemas reales que involucran el área de figuras con longitudes laterales fraccionarias usando modelos visuales y/o ecuaciones.

EUREKA MATH

1. ¿Cómo se llaman los polígonos con cuatro lados?

   Cuadriláteros.

   > Sé que el prefijo "cuad" siignifica "cuatro."

2. ¿Cuáles son las propiedades de los trapecios?

   - *Son cuadriláteros.*

   > Sé que algunos trapecios con propiedades más específicas se conocen comúnmente como paralelogramos, rectángulos, cuadrados, rombos y cometas. Pero TODOS los trapecios son cuadriláteros con al menos un par de lados opuestos paralelos.

   - *Tienen por lo menos un par de lados opuestos paralelos.*

   > Sé que algunos trapecios tienen solo ángulos rectos (90°), algunos tienen dos ángulos agudos (menos de 90°) y dos ángulos obtusos (más de 90° pero menos de 180°) y algunos tienen una combinación de ángulos rectos, agudos y obtusos.

3. Usa una regla y el papel cuadriculado para dibujar

   a. Un trapecio con 2 lados de igual longitud.

   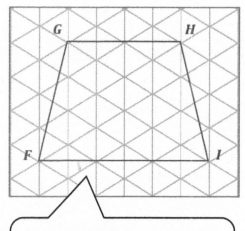

   > Como este trapecio tiene 2 lados de igual longitud ($\overline{FG}$ and $\overline{HI}$), se llama un trapecio isósceles.

   b. Un trapecio con lados de diferente longitud.

   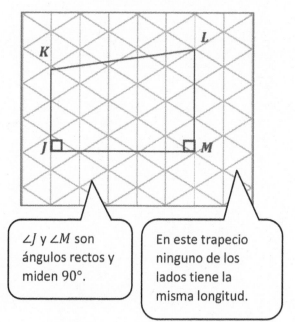

   > ∠J y ∠M son ángulos rectos y miden 90°.

   > En este trapecio ninguno de los lados tiene la misma longitud.

Nombre _____   Fecha _____

1. Usa una regla y papel cuadriculado para dibujarlo:

    a. Un trapecio con exactamente 2 ángulos rectos.

    b. Un trapecio sin ángulos rectos.

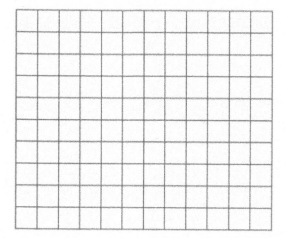

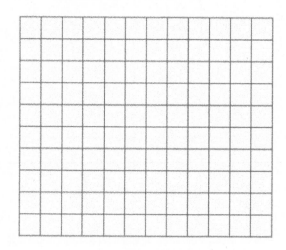

2. Kaplan ordenaba de forma incorrecta algunos cuadriláteros en trapecios y no trapecios como se muestra a continuación.

    a. Encierra las formas que se encuentran en el grupo equivocado y di por qué están ordenados en forma incorrecta.

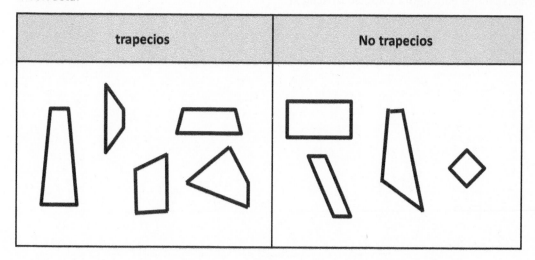

trapecios	No trapecios

    b. Explica que otras herramientas serían necesarías para comprobar la ubicación de todos los trapecios.

EUREKA MATH

Lección 16: Dibujar trapecios para aclarar sus atributos y definir los trapecios con base en esos atributos.

67

© 2019 Great Minds®. eureka-math.org

3. a. Usa una regla para dibujar un trapecio isósceles en el papel cuadriculado.

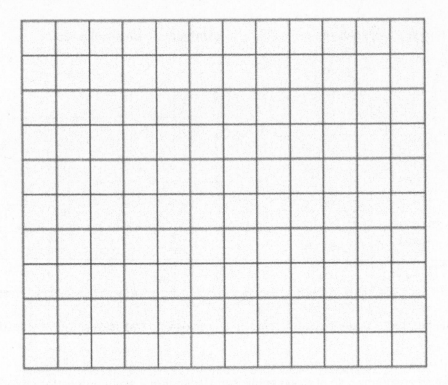

   b. ¿Por qué se llama esta figura trapecio isósceles?

Lección 16:   Dibujar trapecios para aclarar sus atributos y definir los trapecios con base en esos atributos.

© 2019 Great Minds®. eureka-math.org

EUREKA MATH®

1. Encierra en un círculo todas las palabras que podrían usarse para nombrar las figuras de abajo.

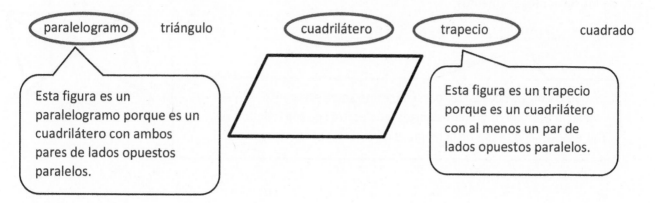

(paralelogramo)   triángulo   (cuadrilátero)   (trapecio)   cuadrado

Esta figura es un paralelogramo porque es un cuadrilátero con ambos pares de lados opuestos paralelos.

Esta figura es un trapecio porque es un cuadrilátero con al menos un par de lados opuestos paralelos.

2. $HIJK$ es un paralelogramo que no está dibujado a escala.

a. Usando lo que sabes sobre paralelogramos, da las longitudes de $\overline{KJ}$ y $\overline{HK}$.

$KJ = \underline{\quad 4\frac{1}{4} \text{ in} \quad}$ $HK = \underline{\quad 2 \text{ in} \quad}$

Sé que los lados opuestos de un paralelogramo son iguales en longitud. $HI = KJ$.

$H \quad 4\frac{1}{4} \text{ in} \quad I$

2 in

$K \qquad J$

Este es $\angle HKJ$.

b. $\angle HKJ = 99°$. Usa lo que sabes sobre los ángulos en un paralelogramo para encontrar la medida de los otros ángulos.

Sé que los ángulos opuestos de un paralelogramo son de iguales medidas.

$\angle IHK = \underline{\quad 81 \quad}°$ $\angle JIH = \underline{\quad 99 \quad}°$ $\angle KJI = \underline{\quad 81 \quad}°$

Sé que los ángulos que están uno a lado del otro, o adyacentes, suman 180°.
$180° - 99° = 81°$

3. $PQRS$ es un paralelogramo que no está dibujado a escala. $PR = 10$ mm y $MS = 4.5$ mm. Da la longitud de los siguientes segmentos:

$PM = \underline{\quad 5 \text{ mm} \quad}$ $\qquad$ $QS = \underline{\quad 9 \text{ mm} \quad}$

Sé que las diagonales en un paralelogramo se bisecan entre sí o se cortan la una a la otra en dos partes iguales. Así que la longitud de $\overline{PM}$ es igual a la mitad de la longitud de $\overline{PR}$.

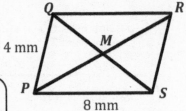

Lección 17: Dibujar paralelogramos para aclarar sus atributos y definir los paralelogramos con base en esos atributos.

© 2019 Great Minds®. eureka-math.org

EUREKA MATH

Nombre _____ Fecha _____

1. ∠A mide 60°.

   a. Extiende las rayas de ∠A y dibuja el paralelogramo ABCD en el papel cuadriculado.

   b. ¿Cuáles son las medidas de ∠B, ∠C y ∠D?

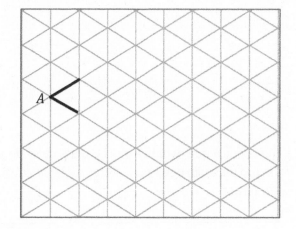

2. WXYZ es un paralelogramo que no está dibujado a escala.

   a. Usando lo que sabes de paralelogramos, da la medida de los lados XY y YZ.

   b. ∠WXY = 113°. Usa lo que sabes sobre los ángulos del paralelogramo para encontrar la medida de los otros ángulos.

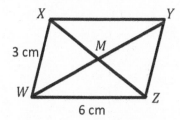

   ΔXYZ = _____°   ∠YZW = _____°   ∠ZWX = _____°

3. Jack mide algunos segmentos en el Problema 2. Encontró que $\overline{WY}$ = 8 cm and $\overline{MZ}$ = 3 cm.

   Da las longitudes de los segmentos siguientes:

   WM = _____ cm   MY = _____ cm

   XM = _____ cm   XZ = _____ cm

Lección 17:   Dibujar paralelogramos para aclarar sus atributos y definir los paralelogramos con base en esos atributos.

© 2019 Great Minds®. eureka-math.org

71

4. Usando las propiedades de las figuras, explica por qué todos los paralelogramos son trapecios.

5. Teresa dice que debido a que las diagonales de un paralelogramo bisectan, si una diagonal es de 4.2 cm, la otra diagonal debe ser la mitad de la longitud. Usa las palabras e imágenes para explicar el error de Teresa.

Lección 17: Dibujar paralelogramos para aclarar sus atributos y definir los paralelogramos con base en esos atributos.

EUREKA MATH®

1. ¿Cuál es la definición de un rombo? Dibuja un ejemplo.

    Un rombo es un cuadrilátero (una figura de 4 lados) que tiene todos los lados con longitudes iguales.

    Un ejemplo de rombo se ve así:

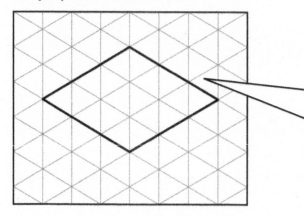

Mi rombo se ve como un diamante, pero pude haberlo dibujado de otras maneras también. Mientras sea un cuadrilátero con 4 lados con la misma longitud, es un rombo.

2. ¿Cuál es la definición de rectángulo? Dibuja un ejemplo.

    Un rectángulo es un cuadrilátero con cuatro ángulos rectos (90 grados).

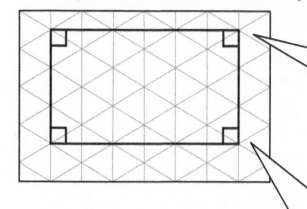

Mi rectángulo tiene 2 lados largos y 2 lados cortos, pero pude haberlo dibujado de otras maneras también. Mientras sea un cuadrilátero con 4 ángulos rectos, es un rectángulo.

Los recuadros en las esquinas de mi rectángulo muestran que todos los ángulos son de 90 grados.

Lección 18: Dibujar rectángulos y rombos para aclarar sus atributos y definir los rectángulos y rombos con base en esos atributos.

73

Nombre _____   Fecha _____

1. Usa el papel cuadriculado para dibujar.

a. Un rombo sin ángulos rectos

b. Un rombo con 4 ángulos rectos

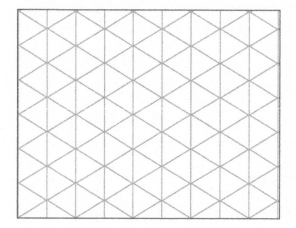
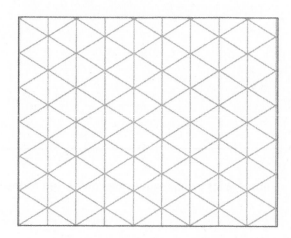

c. Un rectángulo sin todos los lados iguales

d. Un rectángulo con todos los lados iguales

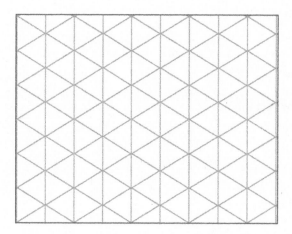
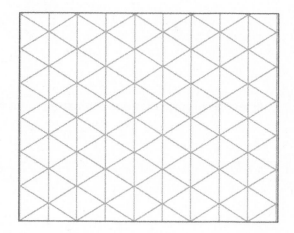

EUREKA MATH

Lección 18: Dibujar rectángulos y rombos para aclarar sus atributos y definir los rectángulos y rombos con base en esos atributos.

75

© 2019 Great Minds®. eureka-math.org

2. Un rombo que tiene un perímetro de 217 cm. ¿Cuál es la longitud de cada lado del rombo?

3. Enumera las propiedades que comparten todos los rombos.

4. Enumera las propiedades que comparten todos los rectángulos.

76 · Lección 18: Dibujar rectángulos y rombos para aclarar sus atributos y definir los rectángulos y rombos con base en esos atributos.

© 2019 Great Minds®. eureka-math.org

EUREKA MATH

1. ¿Cuáles son las propiedades de un cuadrado? Dibuja un ejemplo.

Las propiedades de un cuadrado son

- *Cuatro lados de igual longitud (lo mismo que un rombo)*
- *Cuatro ángulos rectos (lo mismo que un rectángulo)*
- *¡Un cuadrado es un tipo de rombo y un tipo de rectángulo!*

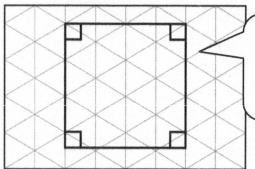

Este es un cuadrado.

También es un rombo porque tiene 4 lados de igual longitud.

También es un rectángulo porque tiene 4 ángulos rectos.

2. ¿Cuáles son las propiedades de un cometa? Dibuja un ejemplo.

Las propiedades de un cometa son

- *Un cuadrilátero en donde 2 lados consecutivos (uno a lado del otro) son de igual longitud.*
- *La longitud de los otros 2 lados también son iguales entre sí.*

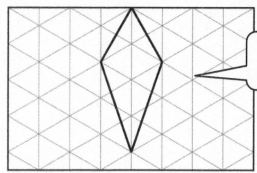

Los 2 lados de "arriba" son iguales en longitud y los 2 lados "abajo" son iguales en longitud.

EUREKA MATH®

Lección 19:   Dibujar cometas y cuadrados para aclarar sus atributos y definir las cometas y cuadrados con base en esos atributos.

77

© 2019 Great Minds®. eureka-math.org

3. ¿El cometa que dibujaste en el Problema 2 es un paralelogramo? ¿Por qué sí o por qué no?

No, el cometa que dibujé no es un paralelogramo. Ambos pares de lados opuestos en un paralelogramo deben ser paralelos. No hay lados paralelos en mi cometa. La única vez en la que un cometa es un paralelogramo es cuando es un cuadrado o un rombo.

Lección 19: Dibujar cometas y cuadrados para aclarar sus atributos y definir las cometas y cuadrados con base en esos atributos.

EUREKA
MATH®

Nombre _____   Fecha _____

1. a.   Dibuja una cometa que no sea un paralelogramo en el papel cuadriculado.

    b.   Enumera todas las propiedades de una cometa.

    c.   ¿Cuándo un paralelogramo puede ser también cometa?

2. Si los rectángulos deben tener ángulos rectos, explica cómo un rombo también podría ser llamado rectángulo.

3. Dibuja un rombo que también sea un rectángulo en el papel cuadriculado.

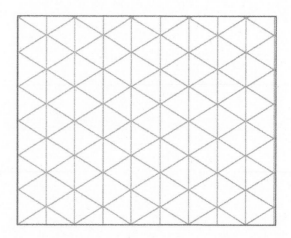

EUREKA MATH®   Lección 19:   Dibujar cometas y cuadrados para aclarar sus atributos y definir las   **79**
                                cometas y cuadrados con base en esos atributos.

© 2019 Great Minds®. eureka-math.org

4. Kirkland dice que la figura $EFGH$ a continuación es un cuadrilátero porque tiene cuatro puntos en el mismo plano y cuatro segmentos con tres extremos no colineales. Explica su error.

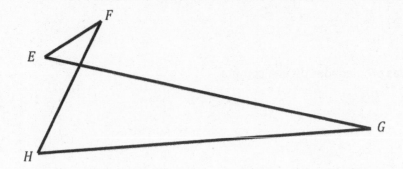

EUREKA
MATH®

1. Llena la siguiente tabla.

Figura	Propiedades que la definen
Trapecio	• Cuadrilátero • Tiene por lo menos un par de lados paralelos.
Paralelogramo	• ***Un cuadrilátero en donde ambos pares de lados opuestos son paralelos.***
Rectángulo	• Un cuadrilátero con 4 ángulos rectos
Rombo	• Un cuadrilátero con todos los lados con la misma longitud
Cuadrado	• Un rombo con cuatro ángulos de 90° • Un rectángulo con 4 lados iguales
Cometa	• ***Cuadrilátero con 2 lados consecutivos con la misma longitud.*** • ***Tiene 2 lados restantes de igual longitud.***

2. $TUVW$ es un cuadrado con un área de 81 cm² y $UB = 6.36$ cm. Encuentra las medidas usando lo que sabes sobre las propiedades de los cuadrados.

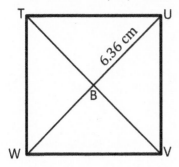

a. $UW = $ **12.72** cm

> Las diagonales de un cuadrado se bisecan entre sí, así que $\overline{UB}$ y $\overline{BW}$ son iguales en longitud. $6.36 + 6.36 = 12.72$

b. $TV = UW = 12.72$ cm

> Sé que en un cuadrado las diagonales son iguales en longitud.

c. Perímetro = **36** cm

d. $m\angle TUV = $ **90** °

> Sé que cada ángulo en un cuadrado debe ser de 90° porque es una propiedad que define a un cuadrado.

> Sé que en un cuadrado la longitud de cada lado es igual, así que necesito pensar en qué multiplicado por sí mismo es igual a 81. Sé que 9×9 da 81, así que cada lado mide 9 cm. Como hay 4 lados iguales puedo multiplicar 9×4 para obtener el perímetro.

Nombre _____   Fecha _____

1. Sigue el diagrama de flujo y por el nombre de la figura en las cajas.

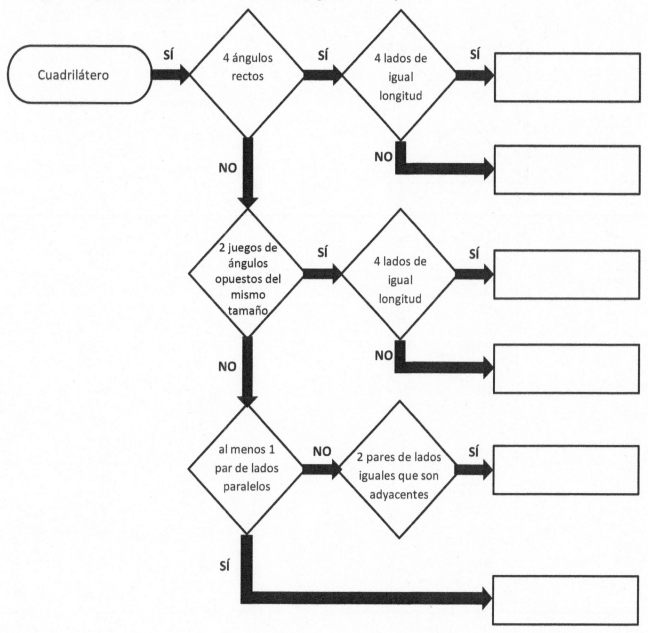

Lección 20: Clasificar las figuras bidimensionales en una jerarquía basada en sus propiedades.

© 2019 Great Minds®. eureka-math.org

83

2. $SQRE$ es un cuadrado con un área de 49 cm² y RM = 4.95 cm. Encuentra las medidas utilizando lo que sabes acerca de las propiedades de los cuadrados.

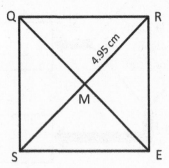

a. $RS = $ _____ cm

b. $QE = $ _____ cm

c. Perímetro = _____ cm

d. $m\angle QRE = $ _____ °

e. $m\angle RMQ = $ _____ °

Lección 20: Clasificar las figuras bidimensionales en una jerarquía basada en sus propiedades.

© 2019 Great Minds®. eureka-math.org

EUREKA
MATH®

Termina cada oración debajo con "algunas veces" o "siempre" en la primera línea en blanco y después expresa la razón que explica por qué. Dibuja un ejemplo de cada oración en el espacio a la derecha.

a. Un rectángulo es *algunas veces* un cuadrado porque *un rectángulo tiene 4 ángulos rectos y un cuadrado es un tipo especial de rectángulo con 4 lados iguales.*

> Este es un rectángulo. Este *no* es un cuadrado porque no todos los 4 lados son iguales en longitud.

b. Un cuadrado *siempre* es un rectángulo porque *un rectángulo es un paralelogramo con 4 ángulos rectos. Un cuadrado es un rectángulo con 4 lados iguales.*

> Este es un cuadrado y un rectángulo porque tiene 4 ángulos rectos y 4 lados iguales.

c. Un rectángulo es *a veces* un cometa porque *un cuadrado corresponde a la definición de un cometa y un rectángulo. Un cometa tiene dos pares de lados que son iguales, que lo mismo que un cuadrado.*

> Este es un cometa, un cuadrado y un rectángulo. Tiene 4 ángulos rectos y 2 pares de lados consecutivos de igual longitud.

d. Un rectángulo es *algunas veces* un paralelogramo porque *tiene dos pares de lados paralelos.*

> Todos los rectángulos también pueden llamarse paralelogramos.

e. Un cuadrado *siempre* es un trapecio porque *tiene al menos un par de lados paralelos.*

> Este cuadrado, y todos los cuadrados, tienen 2 pares de lados opuestos que son paralelos. Todos los cuadrados pueden llamarse trapecios.

f. Un trapecio *algunas veces* es un paralelogramo porque *un trapecio tiene que tener al menos un par de lados paralelos, pero podría tener dos pares, lo cual corresponde con la definición de paralelogramo.*

> Esta figura es un trapecio pero *no* es un paralelogramo. Solamente tiene 1 par de lados opuestos paralelos. (Los lados de "arriba" y de "abajo" son paralelos.)

Lección 21:   Dibujar e identificar varias figuras bidimensionales por los atributos dados.

85

© 2019 Great Minds®. eureka-math.org

Nombre _____   Fecha _____

1. Responde a las preguntas marcando la casilla.

	A veces	siempre
a. ¿Un cuadrado es un rectángulo?		
b. ¿Un rectángulo es una cometa?		
c. ¿Un rectángulo es un paralelogramo?		
d. ¿Un cuadrado es un trapecio?		
e. ¿Un paralelogramo es un trapecio?		
f. ¿Un trapecio es un paralelogramo?		
g. ¿Una cometa es un paralelogramo?		

h. Para cada afirmación que respondiste con *a veces*, dibuja y nombra un ejemplo que justifique tu respuesta.

2. Usa lo que sabes sobre los cuadriláteros para responder a cada pregunta a continuación.

a. Explica cuando un trapecio no es un paralelogramo. Dibuja un ejemplo.

b. Explica cuando una cometa no es un paralelogramo. Dibuja un ejemplo.

Lección 21:   Dibujar e identificar varias figuras bidimensionales por los atributos dados.

© 2019 Great Minds®. eureka-math.org

87

5.º grado

Módulo 6

El eje y es una recta vertical. El eje x es una recta horizontal.

El origen o $(0, 0)$, es donde los ejes x y y se cruzan.

1. Usa la cuadrícula de abajo para completar las siguientes tareas.

    a. Construye un eje y que pase por los puntos A y B. Etiqueta el eje.

    b. Construye un eje x que sea perpendicular al eje y y que pase por los puntos A y M.

    c. Etiqueta el origen.

    d. La coordenada x del punto W es $2\frac{3}{4}$. Etiqueta los números enteros a lo largo del eje x.

    e. Etiqueta los números enteros a lo largo del eje y.

El eje y debe etiquetarse de la misma manera que el eje x. En el eje x la distancia entre las líneas de la cuadrícula es $\frac{1}{4}$ unidades.
Puedo usar las mismas unidades para el eje y.

Encuentro el punto W en el plano cartesiano. Puedo trazar con mi dedo para ubicar este punto en el eje x. Cuento hacia atrás hasta el 0 y veo que cada línea en la cuadrícula es $\frac{1}{4}$ unidades más que la línea anterior.

Este es el origen.

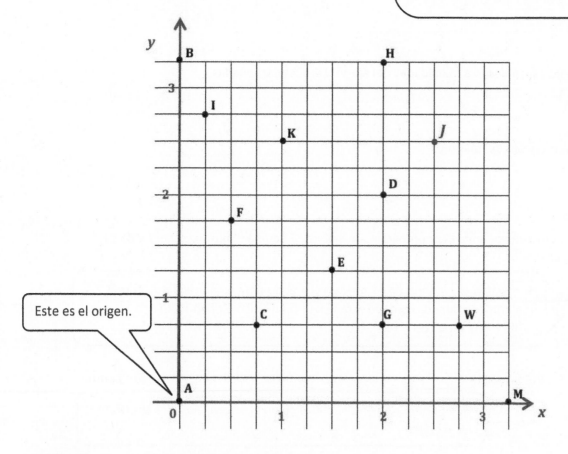

EUREKA MATH®

Lección 3:   Nombrar puntos utilizando pares de coordenadas y usar pares de coordenadas para trazar puntos.

99

© 2019 Great Minds®. eureka-math.org

2. Para los siguientes problemas considera todos los puntos en la página anterior.

a. Identifica todos los puntos que tengan una coordenada y de $\frac{3}{4}$.

$C, G\ y\ W$

> Veo todos los puntos que están a $\frac{3}{4}$ unidades del eje x.

b. Identifica todos los puntos que tengan una coordenada x de 2.

$G, D\ y\ H$

> Veo todos los puntos que están a 2 unidades del eje y.

c. Nombra el punto y escribe el par ordenado que está $2\frac{1}{2}$ unidades encima del eje x y 1 unidad a la derecha del eje y.

$K\left(1, 2\frac{1}{2}\right)$

d. ¿Qué punto está ubicado a $1\frac{1}{4}$ unidades del eje x? Da sus coordenadas.

$E\left(1\frac{1}{2}, 1\frac{1}{4}\right)$

e. ¿Qué punto está ubicado a $\frac{1}{4}$ unidades del eje y? Da sus coordenadas.

$I\left(\frac{1}{4}, 2\frac{3}{4}\right)$

f. Da las coordenadas del punto C.

$\left(\frac{3}{4}, \frac{3}{4}\right)$

g. Traza un punto donde ambas coordenadas son iguales. Etiqueta el punto como J y da sus coordenadas.

$\left(2\frac{1}{2}, 2\frac{1}{2}\right)$

> Hay un número infinito de respuestas correctas para esta pregunta. Podría nombrar coordenadas que no están en la cuadrícula. Por ejemplo, $(1.88, 1.88)$ sería correcto.

h. Nombra el punto donde los dos ejes se intersecan. Escribe las coordenadas para este punto.

$A\ (0, 0)$

> Este punto también se conoce como el origen. Los ejes se cruzan en el origen.

Lección 3: Nombrar puntos utilizando pares de coordenadas y usar pares de coordenadas para trazar puntos.

i. ¿Cuál es la distancia entre los puntos W y G, o WG?

$\frac{3}{4}$ *unidades*

> Cuento las unidades entre los puntos. La distancia entre cada línea de la cuadrícula es $\frac{1}{4}$ unidades.

j. ¿La longitud de $\overline{HG}$ es mayor que, menor que o igual a $CG + GW$?

$HG = 2\frac{1}{2}$ *unidades* $CG = 1\frac{1}{4}$ *unidades* $KJ = 1\frac{1}{2}$ *unidades* $CG + KJ = 2\frac{3}{4}$ *unidades* $HG < CG + KJ$

k. Janice describió cómo trazar puntos en un plano cartesiano. Dijo "Si quieres trazar (1,3), ve al 1, y después ve al 3. Pon un punto donde estas rectas se intersecan." ¿Está Janice en lo correcto?

Janice no está en lo correcto. Debería dar un punto de inicio y una dirección. Debería decir "Empieza en el origen. Sobre el eje x, va 1 unidad hacia la derecha y después va hacia arriba 3 unidades paralelo al eje y".

Nombre _____   Fecha _____

1. Utiliza la cuadrícula a continuación para completar las siguientes tareas.

   a. Construye un eje y que pase por los puntos Y y Z.

   b. Construye un eje x perpendicular que pase por los puntos Z y X.

   c. Identifica el origen con el 0.

   d. La coordenada y de W es $2\frac{3}{5}$. Identifica los números enteros a lo largo del eje y.

   e. La coordenada x de V es $2\frac{2}{5}$. Identifica los números enteros a lo largo del eje x.

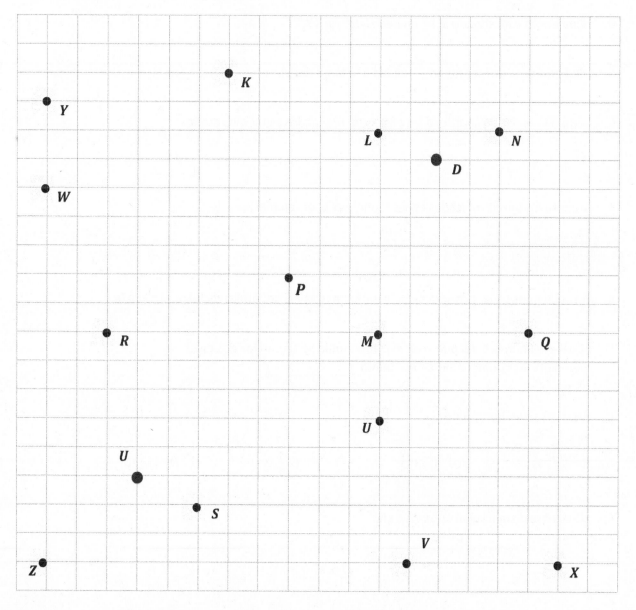

Lección 3:   Nombrar puntos utilizando pares de coordenadas y usar pares de coordenadas
para trazar puntos.

103

© 2019 Great Minds®. eureka-math.org

2. Para los siguientes problemas, ten en cuenta los puntos de K hasta X de la página anterior.

a. Identifica todos los puntos que tienen una coordenada y de $1\frac{3}{5}$.

b. Identifica todos los puntos que tienen una coordenada x de $2\frac{1}{5}$.

c. ¿Qué punto está 1 $1\frac{3}{5}$ unidades arriba del eje x y $3\frac{1}{5}$ unidades a la derecha del eje y? Indica el punto y da su par de coordenadas.

d. ¿Qué punto está situado a $1\frac{1}{5}$ unidades del eje y?

e. ¿Qué punto se encuentra en $\frac{2}{5}$ unidad a lo largo del eje x?

f. Completa el par de coordenadas para cada uno de los siguientes puntos.

M: _____ U: _____ S: _____ K: _____

g. Nombra los puntos ubicados en las siguientes coordenadas.

$(\frac{3}{5}, \frac{3}{5})$ _____ $(3\frac{2}{5}, 0)$ _____ $(2\frac{1}{5}, 3)$ _____ $(0, 2\frac{3}{5})$ _____

h. Traza un punto cuyas coordenadas x e y sean iguales. Identifica dicho punto con la E.

i. ¿Cuál es el nombre del punto en el plano donde se cruzan los dos ejes? _____
    Completa las coordenadas de ese punto. (_____ , _____)

j. Traza los siguientes puntos.

A: $(1\frac{1}{5}, 1)$ B: $(\frac{1}{5}, 3)$ C: $(2\frac{4}{5}, 2\frac{2}{5})$ D: $(1\frac{1}{5}, 0)$

k. ¿Cuál es la distancia entre L y N, o LN?

104   Lección 3:   Nombrar puntos utilizando pares de coordenadas y usar pares de coordenadas
                                  para trazar puntos.

                     © 2019 Great Minds®. eureka-math.org

EUREKA
MATH®

l. ¿Cuál es la distancia de MQ?

m. Sería RM mayor que, menor que o igual a $LN + MQ$?

n. Leslie estaba explicando cómo trazar puntos en el plano de coordenadas a un nuevo estudiante, pero no le dijo cierta información importante. Corrige su explicación para que esté completa.

"Todo lo que tienes que hacer es leer las coordenadas; por ejemplo, si dice (4, 7), contar cuatro, siete y poner un punto en el que las dos rectas de la cuadrícula se cruzan".

Lección 3: Nombrar puntos utilizando pares de coordenadas y usar pares de coordenadas para trazar puntos.

© 2019 Great Minds®. eureka-math.org

105

Notas de la lección

Las reglas para jugar *Batalla Naval*, un juego popular, están al final de esta Ayuda para la tarea.

1. Mientras juegan *Batalla Naval* tu amigo dice "¡Toque!" cuando adivinas el punto (3,2). ¿Cómo decides qué punto adivinas la siguiente vez?

    Si consigo un toque en el punto (3,2), entonces sé que debería intentar adivinar uno de los cuatro puntos alrededor de (3,2) porque el barco tiene que estar ya sea verticalmente u horizontalmente de acuerdo a las reglas. Adivinaría uno de estos puntos: (2,2), (3,1), (4,2), o (3,3).

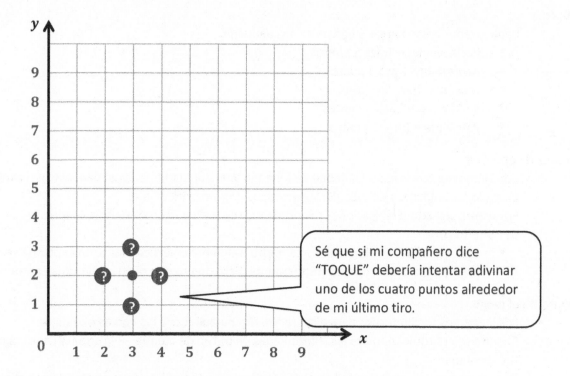

2. ¿Qué cambios podrían hacerse al juego para hacerlo más desafiante?

    El juego es más fácil cuando cuento en unidades en los ejes del plano cartesiano. Si cambiara los ejes para contar en otro número como 7 o 9 en cada línea de la cuadrícula, el juego sería más desafiante. También sería más desafiante si contara salteado en los ejes en fracciones como $\frac{1}{2}$ ***o*** $2\frac{1}{2}$***.***

Reglas de Batalla Naval

Objetivo: Hundir todos los barcos de tu oponente adivinando correctamente sus coordenadas.

Materiales
- 1 hoja cuadriculada "Mis barcos" (por persona/ por juego)
- 1 hoja cuadriculada "Barcos enemigos" (por persona/ por juego)
- Crayón rojo/marcador para los toques
- Crayón negro/marcador para los tiros errados
- Carpeta para colocarla entre los jugadores.

Barcos
- Cada jugador debe marcar 5 barcos en su cuadrícula.
    - Portaaviones—Traza 5 puntos
    - Acorazado—Traza 4 puntos
    - Crucero—Traza 3 puntos
    - Submarino—Traza 3 puntos
    - Patrullero—Traza 2 puntos

Antes de empezar
- Con tu oponente escoge una unidad de longitud y una unidad fraccional para el plano cartesiano.
- Etiqueta las unidades que escogieron en ambas hojas cuadriculadas.
- En secreto selecciona ubicaciones para cada uno de los 5 barcos en tu hoja cuadriculada de "Mis barcos".
    - Todos los barcos deben colocarse horizontalmente o verticalmente en el plano cartesiano.
    - Los barcos pueden tocarse mutuamente, pero no pueden ocupar la misma coordenada.

Durante el juego
- Los jugadores toman turnos para disparar un tiro para atacar a los barcos enemigos.
- Cuando sea tu turno, nombra las coordenadas de tu tiro de ataque. Registra las coordenadas de cada tiro de ataque.
- Tu oponente revisa su hoja cuadriculada "Mis barcos". Si esa coordenada no está ocupada, tu oponente dice "Agua". Si nombraste una coordenada ocupada por un barco, tu oponente dice "Toque".
- Marca cada intento de tiro en tu hoja cuadriculada de "Barcos enemigos". Marca una ✖ negra en la coordenada si tu oponente dice "Agua". Marca una ✓ roja en la coordenada si tu oponente dice "Toque".
- En el turno de tu oponente, si le pega a uno de tus barcos, marca una ✓ roja en la coordenada de tu hoja cuadriculada de "Mis barcos". Cuando uno de tus barcos tenga cada coordenada marcada con una ✓ di, "Has hundido mi [nombre del barco]."

Victoria
- El primer jugador que hunda todos (o la mayoría) de los barcos enemigos, gana.

Lección 4:   Nombrar puntos utilizando pares de coordenadas y usar pares de coordenadas para trazar puntos.

Nombre _____   Fecha _____

Tu tarea es jugar al menos un partido de Batalla Naval con un amigo o familiar. Puedes utilizar las instrucciones de la clase para enseñarle a tu contrincante. Tú y tu contrincante deben registrar sus ataques, acertados y fallidos en la hoja como lo hiciste en la clase.

Cuando hayan terminado el juego, responde a estas preguntas.

1.   Una vez que le diste en el blanco a un barco, ¿cómo decides qué puntos atacar después?

2.   ¿Cómo puedes cambiar el plano de coordenadas para hacer el juego más fácil o más difícil?

3.   ¿Qué estrategias te funcionaron mejor cuando jugaste este juego?

Lección 4:   Nombrar puntos utilizando pares de coordenadas y usar pares de coordenadas
para trazar puntos.

109

© 2019 Great Minds®. eureka-math.org

1. Usa el plano cartesiano para responder las preguntas.

    a. Usa una regla para trazar una recta que atraviese los puntos Z and Y. Etiqueta esta recta como j.

    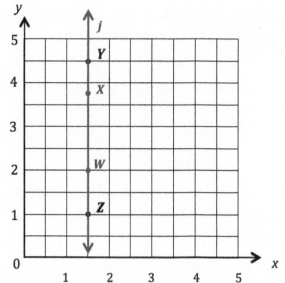

    b. La recta j es perpendicular al eje __x__ y es paralela al eje __y__.

    Las rectas paralelas nunca se cruzarán.

    Las rectas perpendiculares forman ángulos de 90°.

    c. Dibuja dos puntos más en la recta j. Nombra estos puntos X y W.

    d. Da las coordenadas de cada punto de abajo.

2.
    a. W: $\left(1\frac{1}{2}, 2\right)$ X: $\left(1\frac{1}{2}, 3\frac{3}{4}\right)$ Y: $\left(1\frac{1}{2}, 4\frac{1}{2}\right)$ Z: $\left(1\frac{1}{2}, 1\right)$

    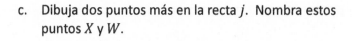

    b. ¿Qué tienen en común todos estos puntos en la recta j ?

    La coordenada x siempre es $1\frac{1}{2}$.

    La recta j es perpendicular al eje x y es paralela al eje y porque la coordenada x es la misma en cada par ordenado.

    c. Da el par ordenado de otro punto que cae en la recta j con una coordenada y mayor a 10.

    $\left(1\frac{1}{2}, 12\right)$

    Mientras la coordenada x sea $1\frac{1}{2}$, el punto caerá en la recta j.

EUREKA MATH®   Lección 5:   Investigar los patrones de rectas verticales y horizontales e interpretar los puntos en el plano como distancias desde los ejes.   111

© 2019 Great Minds®. eureka-math.org

3. Para cada par de puntos abajo, piensa en la recta que los une. ¿La recta será paralela al eje x o al eje y? Sin trazarlas, explica cómo lo sabes.

    a. (1.45,2) y (66,2)

    Ya que estos pares ordenados tienen la misma coordenada y, la recta que los unos será una recta horizontal y paralela al eje x.

    b. $\left(\frac{1}{2}, 19\right)$ y $\left(\frac{1}{2}, 82\right)$

    Ya que estos pares ordenados tienen la misma coordenada x, la recta que los unos será una recta vertical y paralela al eje y.

4. Escribe los pares ordenados de 3 puntos que puedan conectarse para construir una recta que esté $3\frac{1}{8}$ unidades arriba y paralela al eje x.

    $\left(7, 3\frac{1}{8}\right)$ $\qquad$ $\left(6\frac{1}{8}, 3\frac{1}{8}\right)$ $\qquad$ $\left(79, 3\frac{1}{8}\right)$

    > Para que la recta esté $3\frac{1}{8}$ unidades arriba del eje x, los pares ordenados deben tener coordenadas y de $3\frac{1}{8}$. Puedo usar cualquier coordenada x.

5. Escribe los pares ordenados de 3 puntos que estén en el eje x.

    (7,0) $\qquad$ (11.1,0) $\qquad$ (100,0)

Lección 5: $\qquad$ Investigar los patrones de rectas verticales y horizontales e interpretar los puntos en el plano como distancias desde los ejes.

EUREKA MATH

Nombre _____   Fecha _____

1. Utiliza el plano de coordenadas para contestar
    las preguntas.

    a. Usa una regla para dibujar una recta que pase
        por los puntos A y B. Identifica la recta con la g

    b. La recta g es paralela al eja _____ y es
        perpendicular al eje _____.

    c. Dibuja dos puntos más en la recta g. Nómbralos
        C y D.

    d. Completa las coordenadas de cada punto a
        continuación

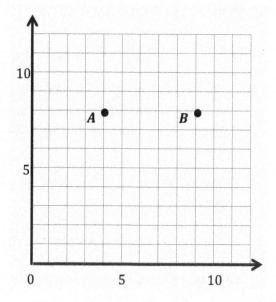

        A: _____ B: _____

        C: _____ D: _____

    e. ¿Qué tienen en común todos los puntos en la recta g?

    f. Da las coordenadas de otro punto que caiga en la recta g con una coordenada x mayor que 25.

EUREKA
MATH

Lección 5:   Investigar los patrones de rectas verticales y horizontales e interpretar los
                puntos en el plano como distancias desde los ejes.

© 2019 Great Minds®. eureka-math.org

113

2. Traza los siguientes puntos en el plano de coordenadas a la derecha.

$C: \left(\frac{3}{4}, 3\right)$ $I: \left(\frac{3}{4}, 2\frac{1}{4}\right)$

$J: \left(\frac{3}{4}, \frac{1}{2}\right)$ $K: \left(\frac{3}{4}, 1\frac{3}{4}\right)$

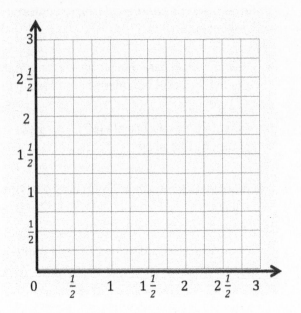

a. Usa una regla para dibujar una recta que conecte estos puntos. Identifica la recta con la f.

b. En la recta f, $x = $ _____ para todos los valores de y.

c. Encierra en un círculo la palabra correcta:

La recta f es *paralela perpendicular* al eje x.

La recta f es *paralela perpendicular* al eje y.

d. ¿Qué patrón se produce en los pares de coordenadas que hacen a la recta f vertical?

3. Para cada par de puntos a continuación, piensa en la recta que los une. ¿En qué pares la recta es paralela al eje x? Encierra tus respuestas en un círculo. Sin trazarlos, explica cómo lo sabes.

a. (3.2, 7) y (5, 7)   b. (8, 8.4) y (8, 8.8)   c. $\left(6\frac{1}{2}, 12\right)$ y (6.2, 11)

4. Para cada par de puntos a continuación, piensa en la recta que los une. ¿En qué pares la recta es paralela al eje y? Encierra tus respuestas en un círculo. Luego, da otros 2 pares de coordenadas que también estarían en esta recta.

a. (3.2, 8.5) y (3.22, 24)   b. $\left(13\frac{1}{3}, 4\frac{2}{3}\right)$ y $\left(13\frac{1}{3}, 7\right)$ c. (2.9, 5.4) y (7.2, 5.4)

114   Lección 5:   Investigar los patrones de rectas verticales y horizontales e interpretar los
                         puntos en el plano como distancias desde los ejes.

© 2019 Great Minds®. eureka-math.org

EUREKA
MATH®

5. Escribe los pares de coordenadas de 3 puntos que se pueden conectar para dibujar una recta que está $5\frac{1}{2}$ unidades a la derecha de y paralela al eje y.

a. _____   b. _____   c. _____

6. Escribe los pares de coordenadas de 3 puntos que se encuentran en el eje y.

a. _____   b. _____   c. _____

7. Leslie y Peggy están jugando a la Batalla Naval en ejes marcados en mitades. En la tabla hay un registro de los ataques de Peggy hasta ahora. ¿Qué debe atacar en el siguiente? ¿Cómo lo sabes? Explica usando palabras e imágenes.

$(5, 5)$	fallido
$(4, 5)$	acertado
$(3\frac{1}{2}, 5)$	fallido
$(4\frac{1}{2}, 5)$	fallido

EUREKA MATH

Lección 5:   Investigar los patrones de rectas verticales y horizontales e interpretar los puntos en el plano como distancias desde los ejes.

115

© 2019 Great Minds®. eureka-math.org

1. Traza y etiqueta los siguientes puntos en el plano cartesiano.

K (0.7, 0.6) P (0.7, 1.1) M (0.2, 0.3) H (0.9, 0.3)

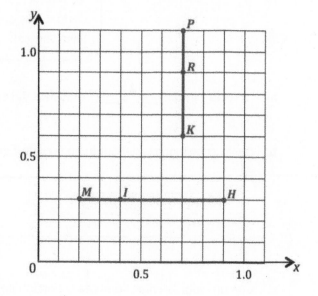

a. Usa una regla para trazar los segmentos de recta KP y MH.

b. Nombra el segmento de recta que es perpendicular al eje x y paralelo al eje y.

$\overline{KP}$

> Dado que las coordenadas x de K y P son las mismas, el segmento KP es paralelo al eje y.

c. Nombra el segmento de recta que es paralelo al eje x y perpendicular al eje y.

$\overline{MH}$

> Dado que las coordenadas y de M y H son las mismas, el segmento MH es perpendicular al eje y.

d. Traza un punto en $\overline{KP}$ y nómbralo R.

e. Traza un punto en $\overline{MH}$ y nómbralo I.

f. Escribe las coordenadas para los puntos R y I.

R (0.7, 0.9) I (0.4, 0.3)

EUREKA MATH   Lección 6:   Investigar los patrones de rectas verticales y horizontales e interpretar los puntos en el plano como distancias desde los ejes.   **117**

© 2019 Great Minds®. eureka-math.org

2. Traza la recta j de forma que la coordenada y de cada punto sea $2\frac{1}{4}$ y traza la recta k de forma que la coordenada x de cada punto sea $1\frac{3}{4}$.

> Ya que todas las coordenadas y son las mismas, la línea j será una línea horizontal.
>
> Dado que todas las coordenadas x son las mismas, la línea k será una línea vertical.

a. La recta j está a ___$2\frac{1}{4}$___ unidades del eje x.

b. Da las coordenadas del punto en la recta j que está a 1 unidad del eje y.

$\left(1, 2\frac{1}{4}\right)$

> "1 unidad del eje y" da el valor de la coordenada x.

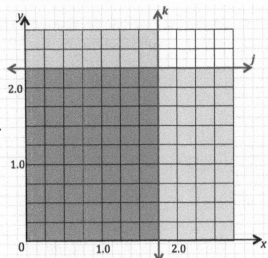

c. Con un lápiz de color, sombrea la porción de la cuadrícula que está a menos de $2\frac{1}{4}$ unidades del eje x.

> Uso azul para sombrear la cuadrícula debajo de la línea j.

d. La recta k está a ___$1\frac{3}{4}$___ unidades del eje y.

e. Da las coordenadas del punto en la recta k que está a $1\frac{1}{2}$ unidades del eje x.

$\left(1\frac{3}{4}, 1\frac{1}{2}\right)$

> "$1\frac{1}{2}$ unidades del eje x" da el valor de la coordenada y.

f. Con otro lápiz de color, sombrea la porción de la cuadrícula que está a menos de $1\frac{3}{4}$ unidades del eje y.

> Uso rosa para sombrear la cuadrícula a la izquierda de la línea k.
> El área de la cuadrícula que está debajo de la línea j y a la izquierda de la línea k ahora se ve morada.

Lección 6:   Investigar los patrones de rectas verticales y horizontales e interpretar los puntos en el plano como distancias desde los ejes.

EUREKA
MATH

Nombre _____   Fecha _____

1. Traza e identifica los siguientes puntos en el plano de coordenadas.

    C: (0.4, 0.4) A: (1.1, 0.4) S: (0.9, 0.5) D: (0.9, 1.1)

    a. Usa una regla para construir los segmentos de
        recta $\overline{CA}$ y $\overline{ST}$.

    b. Nombra el segmento de recta que es
        perpendicular al eje x y paralelo al eje y.

        _____

    c. Nombra el segmento de recta que es paralelo al
        eje x y perpendicular al eje y. _____

    d. Traza un punto en $\overline{CA}$ y nómbralo E. Traza un
        punto en el segmento de recta $\overline{ST}$ y nómbralo R.

    e. Escribe las coordenadas de los puntos E y R.

        $E($_____ , _____ $)$ $R($_____ , _____ $)$

EUREKA MATH®

Lección 6:   Investigar los patrones de rectas verticales y horizontales e interpretar los
               puntos en el plano como distancias desde los ejes.

119

© 2019 Great Minds®. eureka-math.org

2. Construye la recta m de modo que la coordenada y de cada punto sea $1\frac{1}{2}$ y construye la recta n de modo que la coordenada x de cada punto sea $5\frac{1}{2}$.

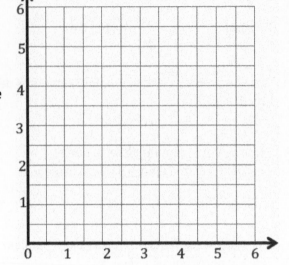

a. La recta m está a _____ unidades del eje x.

b. Da las coordenadas del punto de la recta m que está a 2 unidades del eje y. _____

c. Con un lápiz azul, sombrea la parte de la cuadrícula que es menor que $1\frac{1}{2}$ unidades del eje x.

d. La recta n está a _____ unidades del eje y.

e. Da las coordenadas del punto de la recta n que está a $3\frac{1}{2}$ unidades del eje x.

f. Con un lápiz rojo, sombrea la porción de la cuadrícula que está a menos de $5\frac{1}{2}$ unidades del eje y.

Lección 6:   Investigar los patrones de rectas verticales y horizontales e interpretar los puntos en el plano como distancias desde los ejes.

EUREKA MATH®

3. Construye e identifica las rectas *e, r, s,* y *o* en el plano a continuación.

   a. La recta *e* está 3.75 unidades arriba del eje *x*.

   b. La recta *r* está a 2.5 unidades del eje *y*.

   c. La recta *s* es paralela a la recta *e* de 0.75, pero está lejos del eje *x*.

   d. La recta *o* es perpendicular a las rectas *s* y *e* y pasa por el punto $(3\frac{1}{4}, 3\frac{1}{4})$.

4. Completa las siguientes tareas en el plano.

   a. Usando un lápiz azul, sombrea la región que contiene puntos que están a más de $2\frac{1}{2}$ unidades y menos de $3\frac{1}{4}$ unidades del eje *y*.

   b. Usando un lápiz azul, sombrea la región que contiene puntos que están a más de $3\frac{3}{4}$ unidades y menos de $4\frac{1}{2}$ unidades del eje *x*.

   c. Traza un punto que se encuentre en la región de doble sombra y coloca sus coordenadas.

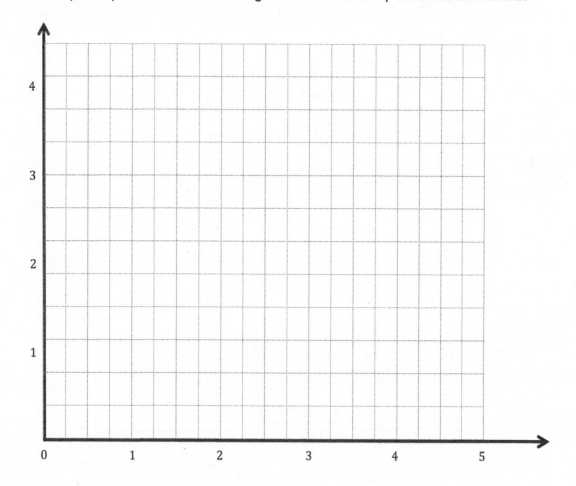

Lección 6:   Investigar los patrones de rectas verticales y horizontales e interpretar los puntos en el plano como distancias desde los ejes.

121

1. Completa la tabla. Después traza los puntos en el plano cartesiano.

x	y	(x, y)
3	$1\frac{1}{2}$	$\left(3, 1\frac{1}{2}\right)$
$1\frac{1}{2}$	0	$\left(1\frac{1}{2}, 0\right)$
2	$\frac{1}{2}$	$\left(2, \frac{1}{2}\right)$
$4\frac{1}{2}$	3	$\left(4\frac{1}{2}, 3\right)$

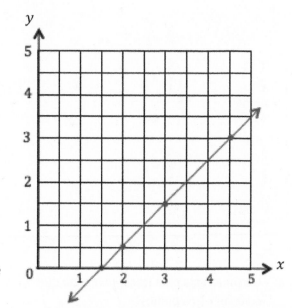

a. Usa una regla para trazar una recta que conecte estos puntos.

b. Escribe una regla que demuestre la relación entre las coordenadas x y y de puntos en esta recta.

> También podría haber dicho que las coordenadas y son $1\frac{1}{2}$ menos que las coordenadas x correspondientes.

Cada coordenada x es $1\frac{1}{2}$ más que su coordenada y correspondiente.

c. Nombra las coordenadas de otros dos puntos que también estén en esta recta.

$\left(2\frac{1}{2}, 1\right)$ y $\left(5, 3\frac{1}{2}\right)$

> Mientras la coordenada x sea $1\frac{1}{2}$ más que la coordenada y, el punto caerá en esta recta.

EUREKA MATH®

Lección 7:   Trazar puntos, usarlos para dibujar rectas en el plano y describir patrones en los pares de coordenadas.

123

© 2019 Great Minds®. eureka-math.org

2. Completa la tabla. Después traza los puntos en el plano cartesiano.

x	y	(x, y)
$\dfrac{3}{4}$	3	$\left(\dfrac{3}{4}, 3\right)$
1	4	$(1, 4)$
$\dfrac{1}{2}$	2	$\left(\dfrac{1}{2}, 2\right)$
0	0	$(0, 0)$

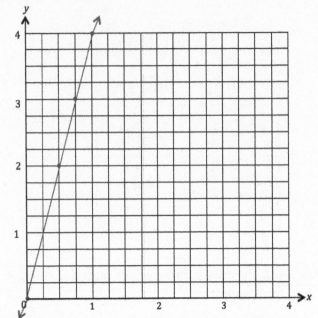

a. Usa una regla para trazar una recta que conecte estos puntos.

b. Escribe una regla que demuestre la relación entre las coordenadas x y y de puntos en esta recta.

   Cada coordenada y es cuatro veces tan grande como su coordenada x correspondiente.

c. Nombra otros dos puntos que también estén en esta recta.

   $(2, 8)$ y $\left(\dfrac{5}{8}, 2\dfrac{1}{2}\right)$

> Esta regla también es correcta: Cada coordenada x es 1 cuarto de su coordenada y correspondiente.

Lección 7: Trazar puntos, usarlos para dibujar rectas en el plano y describir patrones en los pares de coordenadas.

© 2019 Great Minds®. eureka-math.org

EUREKA MATH

3. Usa el plano cartesiano para responder las siguientes preguntas.

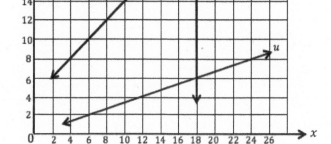

a. Para cualquier punto en la recta r, la coordenada x es __18__.

> La coordenada x dice la distancia desde el eje y.

b. Da las coordenadas para 3 puntos que están en la recta s.

    (4, 8)   (10, 14)   (20, 24)

c. Escribe una regla que describa la relación entre las coordenadas x e y en la recta s.

    Cada coordenada y es 4 más que su coordenada x correspondiente.

> También podría decir, "Cada coordenada x es 4 menos que la coordenada y".

d. Da las coordenadas para 3 puntos que están en la recta u.

    (6, 2)   (12, 4)   (24, 8)

e. Escribe una regla que describa la relación entre las coordenadas x y y en la recta u.

    Cada coordenada x es 3 veces tanto como la coordenada y.

> También podría decir, "Cada coordenada y es $\frac{1}{3}$ del valor de la coordenada x".

f. Cada uno de estos puntos cae en al menos 1 de las rectas que se muestran en el plano de arriba. Identifica una recta que contenga los siguientes puntos.

    $(18, 16.3)$ __r__ $(9.5, 13.5)$ __s__ $\left(16, 5\frac{1}{3}\right)$ __u__ $(22.3, 18)$ __t__

> Todos los puntos en la recta r tienen una coordenada x de 18.

> Todos los puntos en la recta t tienen una coordenada y de 18.

EUREKA MATH

Lección 7:   Trazar puntos, usarlos para dibujar rectas en el plano y describir patrones en los pares de coordenadas.

125

© 2019 Great Minds®. eureka-math.org

Nombre _____   Fecha _____

1. Completa la tabla. Después, traza los puntos en el plano de coordenadas.

x	y	(x, y)
2	0	
$3\frac{1}{2}$	$1\frac{1}{2}$	
$4\frac{1}{2}$	$2\frac{1}{2}$	
6	4	

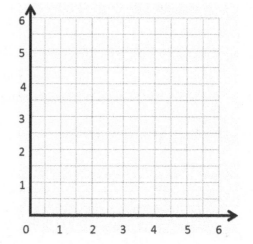

a. Usa una regla para dibujar una recta que una estos puntos.

b. Escribe una regla que muestra la relación entre las coordenadas x e y de los puntos en esta recta.

c. Nombra otros dos puntos que están también en esta recta. _____ _____

2. Completa la tabla. Después, traza los puntos en el plano de coordenadas.

x	y	(x, y)
0	0	
$\frac{1}{4}$	$\frac{3}{4}$	
$\frac{1}{2}$	$1\frac{1}{2}$	
1	3	

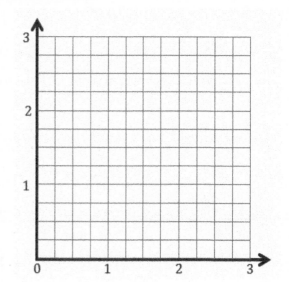

a. Usa una regla para dibujar una recta que una estos puntos.

b. Escribe una regla que muestra la relación entre las coordenadas x e y para puntos de la recta.

c. Nombra otros dos puntos que están también en esta recta. _____ _____

Lección 7:   Trazar puntos, usarlos para dibujar rectas en el plano y describir patrones en los pares de coordenadas.

127

3. Utiliza el plano de coordenadas para contestar las siguientes preguntas.

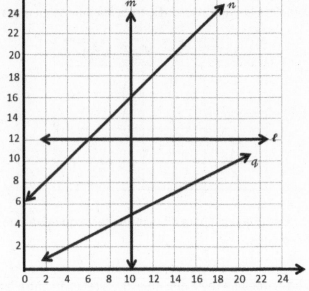

a. Para cualquier punto de la recta *m*, la coordenada x es _____.

b. Indica las coordenadas de 3 puntos que se encuentran en la recta *n*.

c. Escribe una regla que describa la relación entre las coordenadas x e y en la recta *n*.

d. Indica las coordenadas de 3 puntos que se encuentran en la recta *q*.

e. Escribe una regla que describa la relación entre las coordenadas x e y en la recta *q*.

f. Identifica una recta en la que cada uno de estos puntos se encuentran.

    i. (10, 3.2) _____

    ii. (12.4, 18.4) _____

    iii. (6.45, 12) _____

    iv. (14, 7) _____

Lección 7:   Trazar puntos, usarlos para dibujar rectas en el plano y describir patrones en los pares de coordenadas.

© 2019 Great Minds®. eureka-math.org

EUREKA MATH®

Completa esta tabla de forma que cada coordenada y sea 5 más que la coordenada x correspondiente.

x	y	(x, y)
2	7	$(2, 7)$
4	9	$(4, 9)$
6	11	$(6, 11)$

Escojo pares ordenados que cumplan con la regla y quepan en el plano cartesiano.

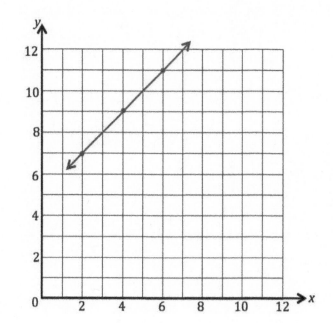

a.   Traza cada punto en el plano cartesiano.

b.   Usa una regla para trazar una recta que conecte estos puntos.

c.   Da las coordenadas de otros 3 puntos que caigan en esta recta con coordenadas x mayores a 15.

$(17, 22)$ $\left(20\frac{1}{2}, 25\frac{1}{2}\right)$ $(100, 105)$

Aunque no puedo ver estos puntos en el plano, sé que caerán en la recta porque cada coordenada y es 5 más que la coordenada x.

Nombre _____   Fecha _____

1. Completa esta tabla *de* manera que cada coordenada y es 4 más que la coordenada x correspondiente.

x	y	(x, y)

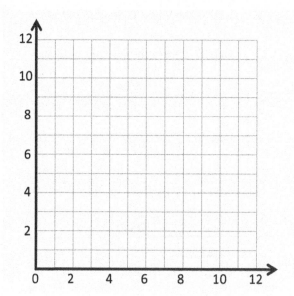

a. Traza cada punto en el plano de coordenadas.

b. Usa una regla para construir una recta que conecte estos puntos.

c. Indica las coordenadas de otros 2 puntos que caen en esta recta con coordenadas x mayores que 18.
(_____, _____) y (_____, _____)

2. Completa esta tabla de manera que cada coordenada y es 2 por su correspondiente coordenada x.

x	y	(x, y)

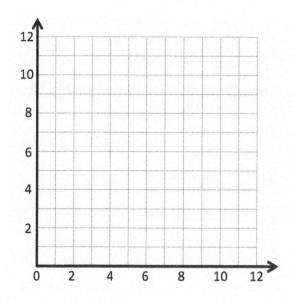

a. Traza cada punto en el plano de coordenadas.

b. Usa una regla para dibujar una recta que una estos puntos.

c. Indica las coordenadas de otros 2 puntos que caen en esta recta con coordenadas y mayores que 25.
(_____, _____) y (_____, _____)

Lección 8: Generar un patrón numérico a partir de una regla dada y trazar los puntos.

131

© 2019 Great Minds®. eureka-math.org

3. Utiliza el plano de coordenadas a continuación para completar las siguientes tareas.

a. Gráfica estas rectas en el plano.

recta ℓ: x es igual a y

	x	y	(x, y)
A			
B			
C			

recta m: y es 1 menos que x

	x	y	(x, y)
G			
H			
I			

recta n: y es 1 menos que el double de x

	x	y	(x, y)
S			
T			
U			

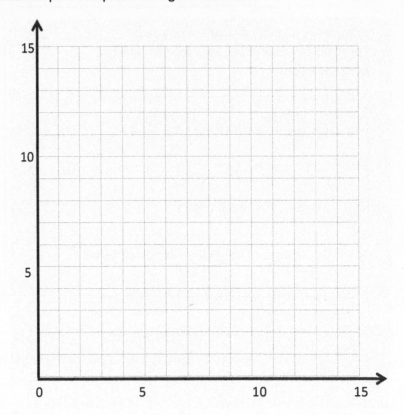

b. ¿Alguna de estas rectas se cruzan? En caso afirmativo, determina cuáles e indica las coordenadas de su intersección.

c. ¿Alguna de estas rectas son paralelas? Si es así, identifica cuáles.

d. Indica la regla de otra recta que sería paralela a las rectas que enumeraste en el Problema 3 (c).

Lección 8: Generar un patrón numérico a partir de una regla dada y trazar los puntos.

EUREKA MATH

1. Completa la tabla con las reglas dadas.

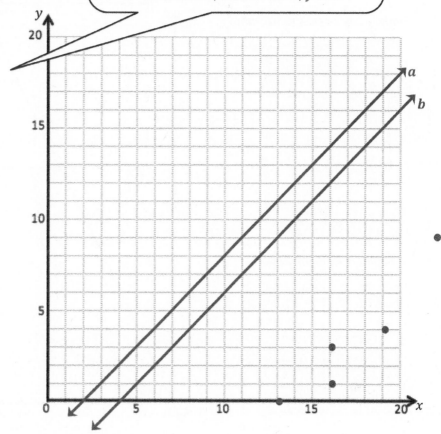

Para encontrar las coordenadas y simplemente sigo la regla "y es 2 menos que x".

Así que cuando x es 5, encuentro el número que es 2 menos que 5.

$5 - 2 = 3$ Entonces, cuando x es 5, y es 3.

Recta a

Regla: y es 2 menos que x.

x	y	(x, y)
2	0	$(2, 0)$
5	3	$(5, 3)$
11	9	$(11, 9)$
17	15	$(17, 15)$

Recta b

Regla: y es 4 menos que x.

x	y	(x, y)
5	1	$(5, 1)$
8	4	$(8, 4)$
14	10	$(14, 10)$
20	16	$(20, 16)$

a. Traza cada recta en el plano cartesiano.

b. Compara y contrasta estas rectas.

   Las rectas son paralelas. Ninguna recta pasa por el origen. La recta b se ve como que está más cerca al eje x, o más abajo y hacia la derecha comparada con la recta a.

c. A partir de los patrones que ves, predice cómo se vería la recta c, cuya regla es y es 6 *menos que* x.

   Ya que la regla para la recta c también es una regla de resta, creo que también sería paralela a las rectas a y b. Pero como la regla es "y es 6 menos que x," Pienso que estará incluso más abajo y hacia la derecha que la recta b.

Lección 9:   Generar dos patrones numéricos a partir de reglas dadas, trazar los   133
               puntos y analizar los patrones.

© 2019 Great Minds®. eureka-math.org

2. Completa la tabla con las reglas dadas.

Recta e

Regla: y es 2 veces tanto como x.

x	y	(x, y)
0	0	$(0, 0)$
1	2	$(1, 2)$
4	8	$(4, 8)$
9	18	$(9, 18)$

Recta f

Regla: y es la mitad de x.

x	y	(x, y)
0	0	$(0, 0)$
6	3	$(6, 3)$
12	6	$(12, 6)$
18	9	$(18, 9)$

Para encontrar las coordenadas y simplemente sigo la regla "y es 2 veces tanto como x."

Cuando x es 4, encuentro el número que es 2 veces tanto como 4: $4 \times 2 = 8$. Entonces, cuando x es 4, y es 8.

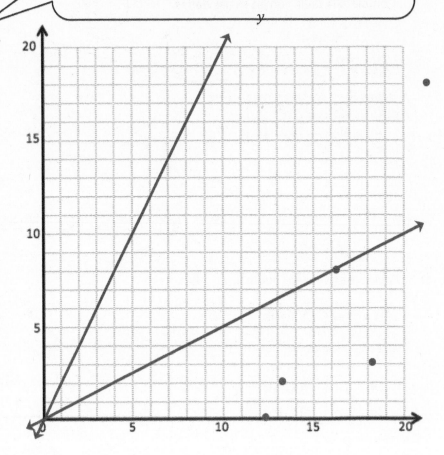

a. Traza cada recta en el plano cartesiano.

b. Compara y contrasta estas rectas.

   Ambas rectas pasan por el origen. No son rectas paralelas. La recta e es más inclinada que la recta f.

c. Basándote en los patrones que ves, predice cómo se vería la recta g, cuya regla es y es 3 *veces tanto como x*, y cómo se vería la recta h, cuya regla es y *un tercio de x*.

   Como las reglas para la recta g es también una regla de multiplicación, pienso que también pasa por el origen. Sin embargo, ya que la regla es "y es 3 veces tanto como x," creo que será aún más inclinada que las rectas e y f.

Lección 9: Generar dos patrones numéricos a partir de reglas dadas, trazar los puntos y analizar los patrones.

© 2019 Great Minds®. eureka-math.org

EUREKA MATH®

Nombre _____   Fecha _____

1. Completa la tabla para las reglas dadas.

Recta a

Regla: y es 1 menos que x

x	y	(x, y)
1		
4		
9		
16		

Recta ℓ

Regla: y es 5 menos que x

x	y	(x, y)
5		
8		
14		
20		

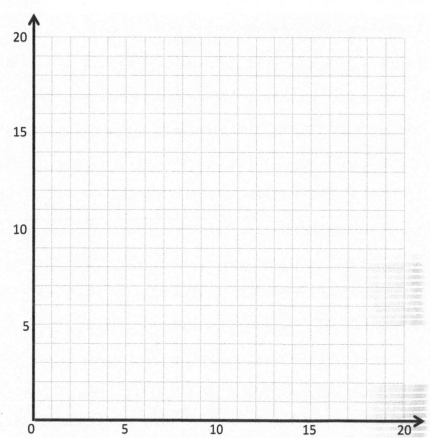

a. Construye cada recta en el plano de coordenadas anterior.

b. Compara y contrasta estas rectas

c. Basándote en las tendencias que observas, predice cómo se vería la recta c, cuya regla es y es 7 menos que x. Dibuja tu predicción sobre el plano de coordenadas anterior.

EUREKA MATH®

Lección 9:   Generar dos patrones numéricos a partir de reglas dadas, trazar los puntos y analizar los patrones.

135

© 2019 Great Minds®. eureka-math.org

2. Completa la tabla para las reglas dadas.

Recta e

Regla: y es 3 veces más que x

x	y	(x, y)
0		
1		
4		
6		

Recta f

Regla: y es un tercio más que x

x	y	(x, y)
0		
3		
9		
15		

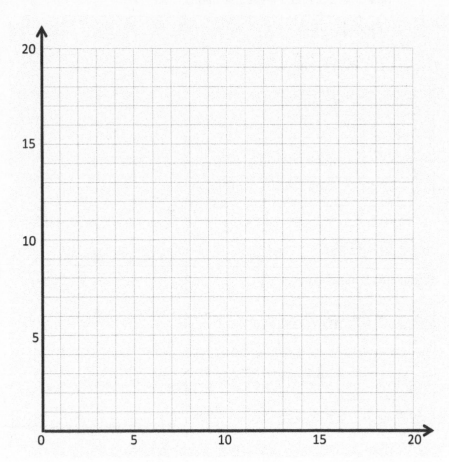

a. Construye cada recta en el plano de coordenadas anterior.

b. Compara y contrasta estas rectas

c. Basándote en las tendencias que observas, predice cómo se vería la recta g, cuya regla es *y es 4 veces más que x*, y cómo se vería la recta h, cuya regla es *y es un cuarto más que x*. Dibuja tu predicción en el plano de coordenadas anterior.

EUREKA MATH®

1. Usa el plano cartesiano para completar las siguientes tareas.

a. La regla para la recta b es "x y y son iguales".
    Traza la recta b.

> Algunos pares ordenados que siguen la regla son
> $(1, 1)$ $(3, 3)$ $(6.5, 6.5)$

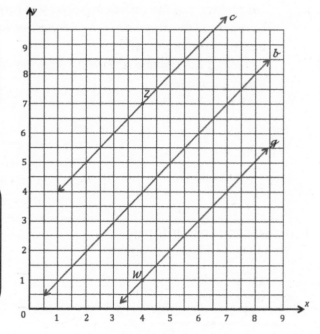

b. Traza una recta, c, que sea paralela a la recta
    b y contenga el punto Z.

> Como la recta c necesita ser paralela a la recta b,
> la regla para la recta c debe ser una regla de suma
> o resta. El par ordenado para Z es $(4, 7)$, así que
> puedo dibujar la recta c a través de otros pares
> ordenados que tengan una coordenada y que sea
> 3 *más* que la coordenada x.

c. Nombra 3 pares ordenados en la recta c.

(2, 5)   **(3, 6)**   **(6, 9)**

> Otra forma de describir esta
> regla s: y es 3 más que x.

d. Identifica una regla para describir la recta c.

x es 3 menos que y.

e. Traza una recta, g, que sea paralela a la recta b y contenga el punto W.

f. Nombra 3 puntos en la recta g.

(3.5, 0.5)   **(6, 3)**   **(7, 4)**

> De nuevo, como la recta g necesita ser
> paralela a la recta b, la regla para la
> recta g debe ser una regla de suma o
> de resta. El par ordenado para W es
> $(4, 1)$, así que puedo dibujar la recta g
> a través de otros pares ordenados que
> tengan una coordenada y que sea
> 3 *menos* que la coordenada x.

g. Identifica una regla para describir la recta g.

x es 3 más que y.

h. Compara y contrasta las rectas c y g en términos de su relación con la recta b.

Las rectas c y g son ambas paralelas a la recta b.
La recta c está encima de la recta b porque los puntos en la recta c tienen coordenadas y mayores que las coordenadas x.
La recta g está debajo de la recta b porque los puntos en la recta g tienen coordenadas y menores a las coordenadas x.

2. Escribe una regla para una cuarta recta que sería paralela a las del Problema 1 y que contendría el punto (5,6).

   y es 1 más que x.

   > Como esta recta es paralela a las otras, sé que debe ser una regla de suma o de resta. El par ordenado dado, la coordenada y es 1 más que la coordenada x.

3. Usa el plano cartesiano para completar las siguientes tareas.

   a. La recta b representa la regla "x e y son iguales".

   > También puedo pensar en esto como una regla de multiplicación.
   >
   > "x multiplicado por 1 es igual a y".

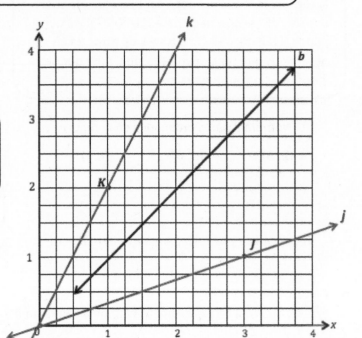

   b. Traza una recta, j, que contenga el origen y el punto J.

   c. Nombra 3 puntos en la recta j.

   $(3, 1)$ $\left(1\frac{1}{2}, \frac{1}{2}\right)$ $\left(\frac{3}{4}, \frac{1}{4}\right)$

   d. Identifica una regla para describir la recta j.

   x es 3 veces tanto como y.

   > Mientras analizo la relación entre las coordenadas x y las coordenadas y en la recta j, veo que cada coordenada y es $\frac{1}{3}$ del valor de su coordenada x correspondiente.

Lección 10:   Comparar rectas y patrones generados por las reglas de suma y multiplicación.

EUREKA MATH

e. Traza una recta, k, que contenga el origen y el punto K.

f. Nombra 3 puntos en la recta k.

$\left(\dfrac{1}{2}, 1\right)$ $\left(1\dfrac{1}{2}, 3\right)$ $(2, 4)$

g. Identifica una regla para describir la recta k.

x es la mitad de y.

Mientras analizo la relación entre las coordenadas x y las coordenadas y en la recta k, puedo ver que cada coordenada y es el doble del valor de su coordenada x correspondiente.

EUREKA MATH®

Lección 10:   Comparar rectas y patrones generados por las reglas de suma y multiplicación.

© 2019 Great Minds®. eureka-math.org

139

Nombre _____ Fecha _____

1. Utiliza el plano de coordenadas a continuación para completar las siguientes tareas.

   a. La recta p representa la regla *x e y son iguales*.

   b. Traza una recta d que sea paralela a la recta p y contenga el punto D.

   c. Indica 3 pares de coordenadas en la recta d.

   d. Identifica una regla para describir la recta d.

   e. Traza una recta e que sea paralela a la recta p y que contenga el punto E.

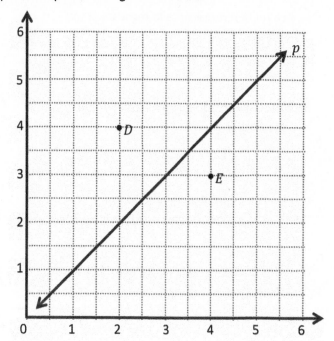

   f. Nombra 3 puntos en la recta e.

   g. Identifica una regla para describir la recta e.

   h. Compara y contrasta las rectas d y e en términos de su relación con la recta p.

2. Escribe una regla para una cuarta recta que sería paralela a las anteriores y que contendría el punto $(5\frac{1}{2}, 2)$. Explica cómo lo sabes.

EUREKA MATH®

Lección 10:   Comparar rectas y patrones generados por las reglas de suma y multiplicación.

141

© 2019 Great Minds®. eureka-math.org

3. Utiliza el plano de coordenadas a continuación para completar las siguientes tareas.

a. La recta p representa la regla x e y son *iguales*.

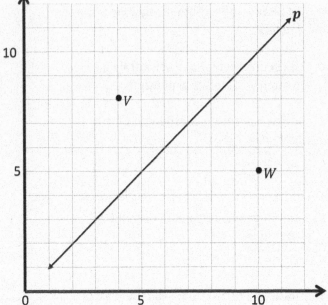

b. Traza la recta v, que está en el origen y el punto V.

c. Nombra 3 puntos en la recta v.

d. Identifica una regla para describir la recta v.

e. Traza la recta w, que está en el origen y el punto W.

f. Nombra 3 puntos en la recta w.

g. Identifica una regla para describir la recta w.

h. Compara y contrasta las rectas v y w en términos de su relación con la recta p.

i. ¿Qué patrones se observan en las rectas que se generan por las reglas de multiplicación?

EUREKA MATH®

1. Completa la tabla con las reglas dadas.

Recta p

Regla: *Media x.*

x	y	(x, y)
2	1	$(2, 1)$
4	2	$(4, 2)$
6	3	$(6, 3)$

Recta q

Regla: *Media x y después suma 1.*

x	y	(x, y)
2	2	$(2, 2)$
4	3	$(4, 3)$
6	4	$(6, 4)$

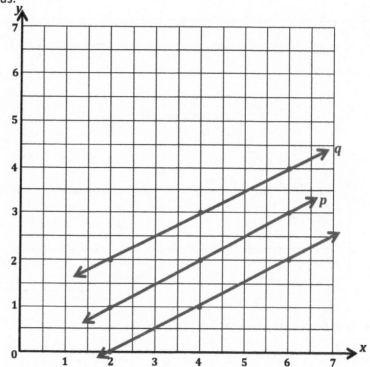

a. Traza cada recta en el plano cartesiano.

> La recta q está encima de la recta p porque la regla dice, "*después suma 1.*"

b. Compara y contrasta estas rectas.

    Son rectas paralelas. La recta q está encima de la recta p. La distancia entre las dos rectas es 1 unidad.

c. Basándote en los patrones que ves, predice cómo se vería la recta de la regla "media x y después resto 1". Dibuja tu predicción en el plano de arriba.

    Predigo que la recta será paralela a las rectas p y q.

    Estará 1 unidad debajo de la recta p porque la regla dice "después resto 1".

Lección 11:   Analizar los patrones numéricos generados a partir de operaciones mixtas.

© 2019 Great Minds®. eureka-math.org

143

Necesito encontrar pares coordenados que sigan la regla *"el doble de x y después suma $\frac{1}{2}$."*

2. Encierra en un círculo el punto o puntos que contendría la recta para la regla *"el doble de x y después suma $\frac{1}{2}$"*.

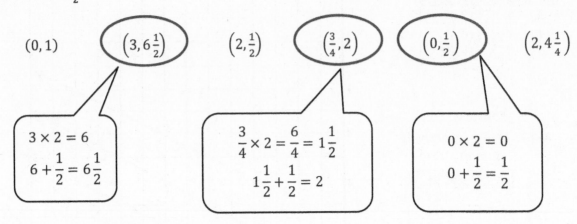

$(0, 1)$ $\left(3, 6\frac{1}{2}\right)$ $\left(2, \frac{1}{2}\right)$ $\left(\frac{3}{4}, 2\right)$ $\left(0, \frac{1}{2}\right)$ $\left(2, 4\frac{1}{4}\right)$

$3 \times 2 = 6$

$6 + \dfrac{1}{2} = 6\dfrac{1}{2}$

$\dfrac{3}{4} \times 2 = \dfrac{6}{4} = 1\dfrac{1}{2}$

$1\dfrac{1}{2} + \dfrac{1}{2} = 2$

$0 \times 2 = 0$

$0 + \dfrac{1}{2} = \dfrac{1}{2}$

3. Da otros dos puntos que caen en esta recta.

$\left(\dfrac{1}{2}, 1\dfrac{1}{2}\right)$ $\left(1, 2\dfrac{1}{2}\right)$

Escogí valores para las coordenadas x. Después los dupliqué y sumé $\frac{1}{2}$ para obtener las coordenadas y.

Lección 11:   Analizar los patrones numéricos generados a partir de operaciones mixtas.

EUREKA MATH

Nombre _____   Fecha _____

1. Completa las tablas para las reglas dadas.

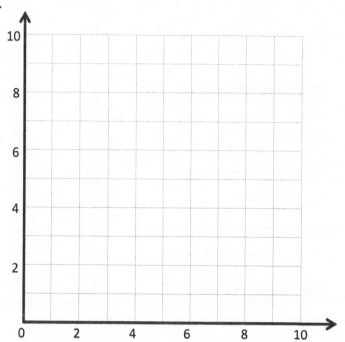

Recta ℓ

Regla: *Doble de x*

x	y	(x, y)
1		
2		
3		

Recta m

Regla: *Doble de x y después restar 1*

x	y	(x, y)
1		
2		
3		

a. Dibuja cada recta en el plano de coordenadas que figura arriba.

b. Compara y contrasta estas rectas.

c. Basándote en las tendencias que ves, predice como se vería la recta para la regla *doble de x y después sumar 1*. Dibuja tu predicción sobre el plano de arriba.

2. Encierra en un círculo los puntos de la recta con la regla *multiplicar x por $\frac{1}{2}$ y después sumar 1*.

$(0, \frac{1}{2})$ $(2, 1\frac{1}{4})$ $(2, 2)$ $(3, \frac{1}{2})$

a. Explica cómo lo sabes.

b. Indica otros dos puntos que caigan en esta recta.

EUREKA MATH®

Lección 11:   Analizar los patrones numéricos generados a partir de operaciones mixtas.

145

© 2019 Great Minds®. eureka-math.org

3. Completa las tablas para las reglas dadas.

Recta ℓ

Regla: *Mitad de x y después sumar 1*

x	y	(x, y)
0		
1		
2		
3		

Recta m

Regla: *Mitad de x y después sumar $1\frac{1}{4}$*

x	y	(x, y)
0		
1		
2		
3		

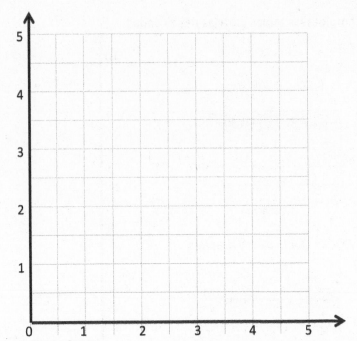

a. Dibuja cada recta en el plano de coordenadas arriba.

b. Compara y contrasta estas rectas.

c. Basándote en los patrones que viste, predice como se vería la recta cuya regla es la *mitad de x y después restar 1*. Dibuja tu predicción en el plano de arriba.

4. Encierra en un círculo los puntos de la recta con la regla *multiplicar x por $\frac{3}{4}$ y después restar $\frac{1}{2}$.*

$(1, \frac{1}{4})$ $(2, \frac{1}{4})$ $(3, 1\frac{3}{4})$ $(3, 1)$

a. Explica cómo lo sabes.

b. Indica otros dos puntos que caigan en esta recta.

Lección 11:   Analizar los patrones numéricos generados a partir de operaciones mixtas.

EUREKA MATH®

1. Escribe una regla para la recta que contiene los puntos (0.3, 0.5) y (1.0, 1.2).

    y es 0.2 más que x.

    a. Identifica 2 puntos más en esta recta. Después dibújala en la cuadrícula de abajo.

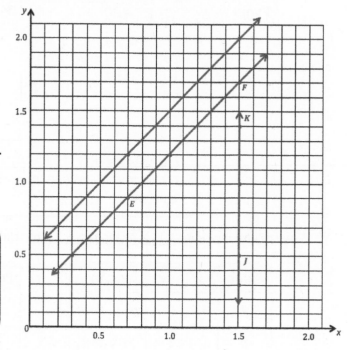

Punto	x	y	(x, y)
E	0.7	0.9	(0.7, 0.9)
F	1.5	1.7	(1.5, 1.7)

    b. Escribe una regla para la recta que es paralela a $\overleftrightarrow{EF}$ y que pasa a través del punto (0.7, 1.2). Después dibuja la recta en la cuadrícula.

    y es 0.5 más que x.

    Ya que la recta necesita ser paralela a $\overleftrightarrow{EF}$, debe ser una regla de suma. En el par ordenado (0.7, 1.2), puedo ver que la coordenada y es 0.5 más que la coordenada x.

2. Da la regla para la recta que contiene los puntos (1.5, 0.3) y (1.5, 1.0).

    x siempre es 1.5.

    a. Identifica 2 puntos más en esta recta. Dibuja la recta en la cuadrícula de arriba.

Punto	x	y	(x, y)
J	1.5	0.5	(1.5, 0.5)
K	1.5	1.4	(1.5, 1.4)

    Ya que la recta necesita ser paralela a $\overrightarrow{JK}$, debe ser otra recta vertical donde la coordenada x sea siempre la misma.

    b. Escribe una regla para la recta que es paralela a $\overrightarrow{JK}$.

    x siempre es 1.8.

Lección 12:   Crear una regla para generar un patrón numérico y trazar puntos.

147

© 2019 Great Minds®. eureka-math.org

3. Da la regla para una recta que contenga el punto (0.3, 0.9) usando la operación o descripción de abajo. Después nombra otros 2 puntos que caerían en cada recta.

a. Suma: _y es 0.6 más que x._   b. Una recta que es paralela al eje x: _y siempre es 0.9._

Punto	x	y	(x, y)
T	0.4	1	$(0.4, 1)$
U	1	1.6	$(1, 1.6)$

Punto	x	y	(x, y)
G	0.4	0.9	$(0.4, 0.9)$
H	1	0.9	$(1, 0.9)$

> Una recta paralela al eje x es una recta horizontal. Las rectas horizontales tienen coordenadas y que no cambian.

c. Multiplicación: _y es x triplicada._   d. Una recta paralela al eje y: _x siempre es 0.3._

Punto	x	y	(x, y)
A	0.2	0.6	$(0.2, 0.6)$
B	0.5	1.5	$(0.5, 1.5)$

Punto	x	y	(x, y)
V	0.3	1.3	$(0.3, 1.3)$
W	0.3	2	$(0.3, 2)$

> Una recta paralela al eje y es una recta vertical. Las rectas verticales tienen coordenadas x que no cambian.

e. Multiplicación con suma: _Doble de x y después suma 0.3._

Punto	x	y	(x, y)
R	0.4	1.1	$(0.4, 1.1)$
S	0.5	1.3	$(0.5, 1.3)$

> Puedo usar el par ordenado original, (0.3, 0.9), para ayudarme a generar una regla de multiplicación con una suma.
>
> $0.3 \times 2 = 0.6$ (Esta es la parte de "Doble de x" de la regla).
>
> $0.6 + 0.3 = 0.9$ (Esta es la parte de "después suma 0.3" de la regla).

Lección 12:   Crear una regla para generar un patrón numérico y trazar puntos.

EUREKA MATH

Nombre _____ Fecha _____

1. Escribe una regla para la recta que contiene los puntos $(0, \frac{1}{4})$ y $(2\frac{1}{2}, 2\frac{3}{4})$.

   a. Identifica 2 puntos más en esta recta. Traza la recta en la siguiente cuadrícula.

   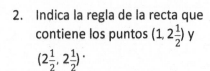

Punto	x	y	(x, y)
B			
C			

   b. Escribe una regla para una recta que es paralela a $\overleftrightarrow{BC}$ y pasa por el punto $(1, 2\frac{1}{4})$.

   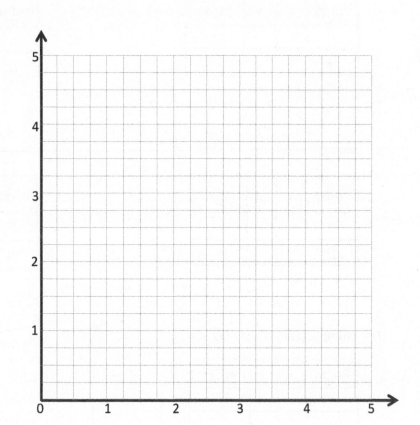

2. Indica la regla de la recta que contiene los puntos $(1, 2\frac{1}{2})$ y $(2\frac{1}{2}, 2\frac{1}{2})$.

   a. Identifica 2 puntos más en esta recta. Traza la recta en la cuadrícula de arriba.

Punto	x	y	(x, y)
G			
H			

   b. Escribe una regla para una recta que es paralela a $\overleftrightarrow{GH}$.

EUREKA MATH

Lección 12:   Crear una regla para generar un patrón numérico y trazar puntos.

149

3. Indica la regla para una recta que contiene el punto $\left(\frac{3}{4}, 1\frac{1}{2}\right)$ usando la operación o la descripción a continuación. Después, indica otros 2 puntos que caerían en cada recta.

a. Suma: _____

Punto	x	y	(x, y)
T			
U			

b. Una recta paralela al eje x: _____

Punto	x	y	(x, y)
G			
H			

c. Multiplicación: _____

Punto	x	y	(x, y)
A			
B			

d. Una recta paralela al eje y: _____

Punto	x	y	(x, y)
V			
W			

e. Multiplicación con suma: _____

Punto	x	y	(x, y)
R			
S			

4. En la cuadrícula, dos rectas se cruzan en $(1.2, 1.2)$. Si la recta a pasa por el origen y la recta b contiene el punto $(1.2, 0)$, escribe una regla para la recta a y la recta b.

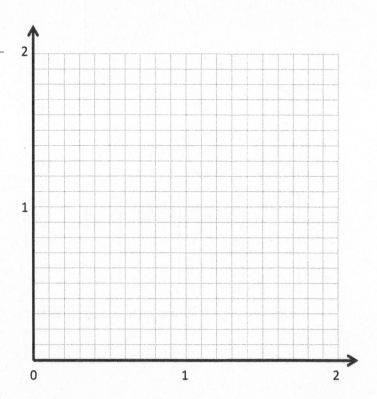

Lección 12:   Crear una regla para generar un patrón numérico y trazar puntos.

EUREKA
MATH®

1. Maya y Ruvio usaron sus plantillas de ángulos rectos y sus reglas para dibujar pares de rectas paralelas. ¿Quién dibujó correctamente un par de rectas paralelas y por qué?

Maya: Ruvio:

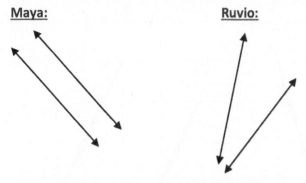

Maya dibujó correctamente un par de rectas paralelas porque si extienden sus rectas nunca se van a intersecar (cruzar). Si extiendes las rectas de Ruvio, se van a intersecar.

2. En la cuadrícula de abajo, Maya encerró en un círculo todos los pares de segmentos que piensa que son paralelos. ¿Está en lo correcto? ¿Por qué sí o por qué no?

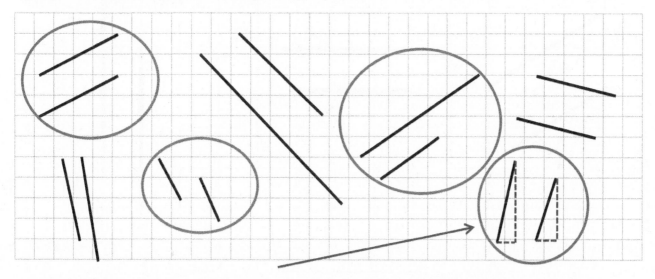

Maya no lo hizo de manera completamente correcta. Este par no es paralelo. Dibujé una recta punteada horizontal y una vertical cerca de cada segmento para completar un triángulo. Aunque ambos triángulos tienen una base de 1, el triángulo de la izquierda es más alto. Puedo ver que, si extendiera los segmentos, con el tiempo se intersecarían. Estos segmentos no son paralelos. Además, Maya no encerró en un círculo todos los pares de segmentos paralelos.

EUREKA
MATH·

Lección 13:   Construir segmentos de recta paralelos en una cuadrícula rectangular.

151

© 2019 Great Minds®. eureka-math.org

3. Usa tu regla para dibujar un segmento paralelo a cada segmento hasta un punto dado.

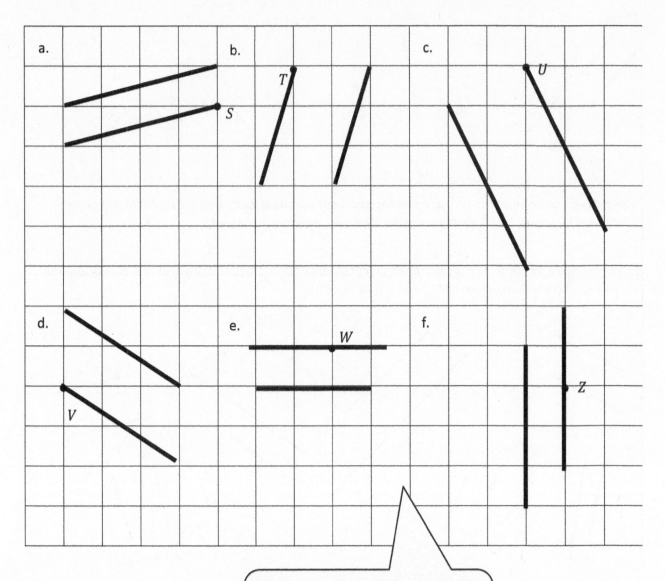

Sé que las rectas no tienen que ser exactamente de la misma longitud, mientras estén siempre a la misma distancia en cada punto.

Lección 13: Construir segmentos de recta paralelos en una cuadrícula rectangular.

EUREKA MATH®

Nombre _____   Fecha _____

1. Usa una plantilla de ángulo recto y una regla para dibujar al menos tres conjuntos de rectas paralelas en el espacio a continuación.

2. Encierra en un círculo los segmentos que son paralelos.

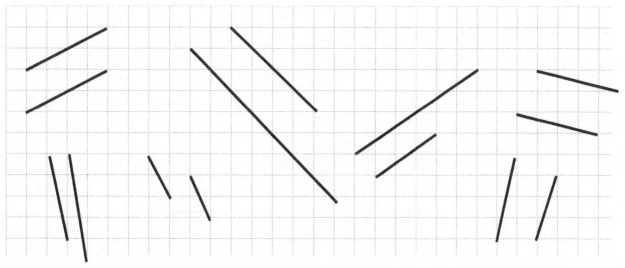

EUREKA MATH

Lección 13:   Construir segmentos de recta paralelos en una cuadrícula rectangular.

153

© 2019 Great Minds®. eureka-math.org

3. Usa tu regla para dibujar un segmento paralelo a cada segmento a través del punto dado.

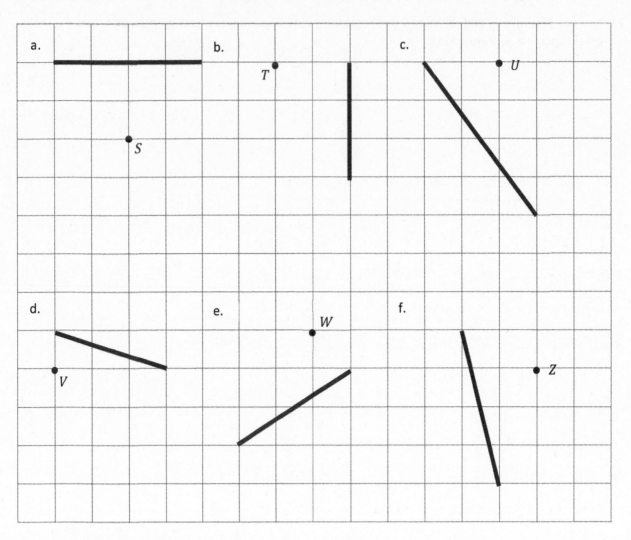

4. Dibuja 2 rectas diferentes paralelas a la recta *b*.

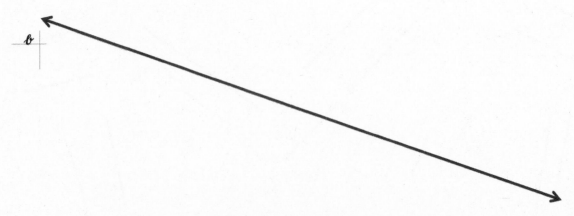

Lección 13:   Construir segmentos de recta paralelos en una cuadrícula rectangular.

EUREKA
MATH®

1. Usa el plano cartesiano de abajo para completar las siguientes tareas.

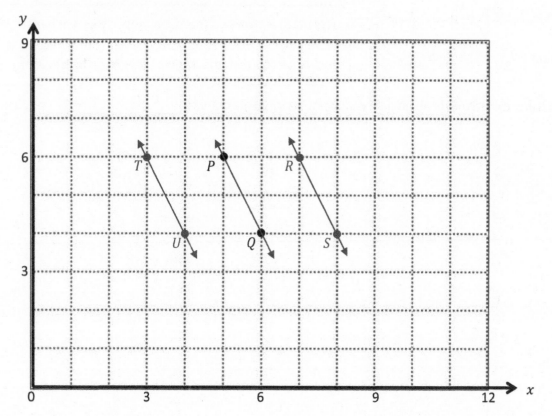

a. Identifica las ubicaciones de P y Q.　　P (**5** , **6**)　Q (**6** , **4**)

b. Traza $\overleftrightarrow{PQ}$.

c. Traza los siguientes pares ordenados en el plano:　　R (7, 6)　S (8, 4)

> El símbolo ⊥ significa perpendicular.
> El símbolo ‖ significa paralelo.

d. Traza $\overleftrightarrow{RS}$.

e. Encierra en un círculo la relación entre $\overleftrightarrow{PQ}$ y $\overleftrightarrow{RS}$.　　$\overleftrightarrow{PQ} \perp \overleftrightarrow{RS}$　　$\boxed{\overleftrightarrow{PQ} \parallel \overleftrightarrow{RS}}$

EUREKA MATH

Lección 14:　Construir segmentos de recta paralelos y analizar las relaciones de los pares de coordenadas.

155

© 2019 Great Minds®. eureka-math.org

f. Da las coordenadas de un par de puntos, T y U, de modo que $\overleftrightarrow{TU} \parallel \overleftrightarrow{PQ}$.

T (_3_ , _6_) U (_4_ , _4_)

> Hay muchos pares de coordenadas posibles que harían $\overleftrightarrow{TU}$ paralelo a $\overleftrightarrow{PQ}$. Puedo conservar las coordenadas y y mover las coordenadas x 2 unidades hacia la izquierda.

g. Traza $\overleftrightarrow{TU}$.

2. Usa el plano cartesiano de abajo para completar las siguientes tareas.

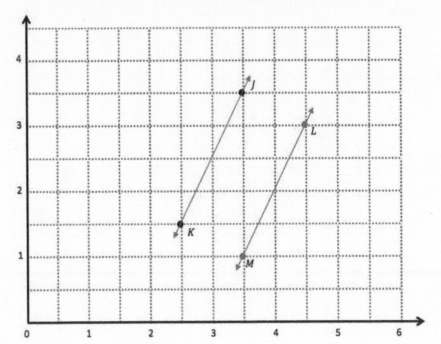

a. Identifica las ubicaciones de J y K. $J(3\frac{1}{2}, 3\frac{1}{2})$ $K(2\frac{1}{2}, 1\frac{1}{2})$

b. Traza $\overrightarrow{JK}$.

c. Genera pares ordenados para L y M de tal forma que $\overrightarrow{JK} \parallel \overrightarrow{LM}$. $L(4\frac{1}{2}, 3)$ $M(3\frac{1}{2}, 1)$

d. Traza $\overrightarrow{LM}$.

e. Explica el patrón que usaste cuando generaste pares ordenados para L y M.

Visualicé cambiar los puntos J y K una unidad hacia la derecha, lo cual es dos líneas en la cuadrícula. Como resultado, las coordenadas x de L y M son 1 mayores que las de J y K.

Después visualicé cambiar los puntos media unidad hacia abajo, lo cual es una línea en la cuadrícula. Como resultados, las coordenadas y de L y M son $\frac{1}{2}$ menores que las de J y K.

Lección 14:   Construir segmentos de recta paralelos y analizar las relaciones de los pares de coordenadas.

EUREKA MATH

Nombre _____   Fecha _____

1. Usa el plano de coordenadas a continuación para completar las siguientes tareas.

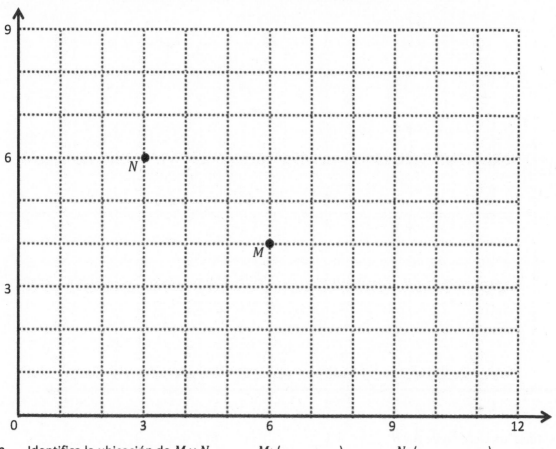

a. Identifica la ubicación de M y N.   M: (___, ___)   N: (____, ____)

b. Dibuja $\overline{MN}$.

c. Traza los siguientes pares de coordenadas en el plano.

J: (5, 7) K: (8, 5)

d. Dibuja $\overline{JK}$.

e. Encierra en un círculo la relación entre $\overline{MN}$ y $\overline{JK}$. $\overline{MN} \perp \overline{JK}$ $\overline{MN} \parallel \overline{JK}$

f. Indica las coordenadas de un punto, F, de tal manera que $\overleftrightarrow{FG} \parallel \overline{MN}$.

F: (____, ____) J: (____, ____)

g. Dibuja $\overleftrightarrow{FG}$.

EUREKA MATH

Lección 14:   Construir segmentos de recta paralelos y analizar las relaciones de los pares de coordenadas.

157

© 2019 Great Minds®. eureka-math.org

2. Usa el plano de coordenadas a continuación para completar las siguientes tareas.

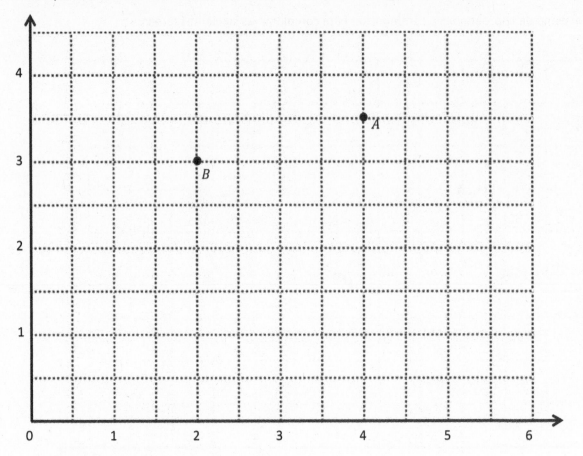

a. Identifica la ubicación de A y B. A: (___ , ___) B: (___ , ___)

b. Dibuja $\overleftrightarrow{AB}$.

c. Genera pares de coordenadas para C y D, de tal manera que $\overleftrightarrow{AB} \parallel \overleftrightarrow{CD}$.

$$C: (\underline{\quad}, \underline{\quad}) \qquad D: (\underline{\quad}, \underline{\quad})$$

d. Dibuja $\overleftrightarrow{CD}$.

e. Explica el patrón que utilizaste para generar los pares de coordenadas para C y D.

f. Indica las coordenadas de un punto, F, de tal manera que $\overleftrightarrow{AB} \parallel \overleftrightarrow{EF}$.

$$E: (2\tfrac{1}{2}, 2\tfrac{1}{2}) \qquad F: (\underline{\quad}, \underline{\quad})$$

g. Explica cómo elegiste las coordenadas para F.

Lección 14: Construir segmentos de recta paralelos y analizar las relaciones de los pares de coordenadas.

© 2019 Great Minds®. eureka-math.org

EUREKA MATH®

Los pares perpendiculares se intersecan y forman ángulos de 90°, o ángulos rectos.

1. Encierra en un círculo los pares de segmentos que son perpendiculares.

El ángulo formado por estos segmentos es mayor que 90°. Estos segmentos *no* son perpendiculares.

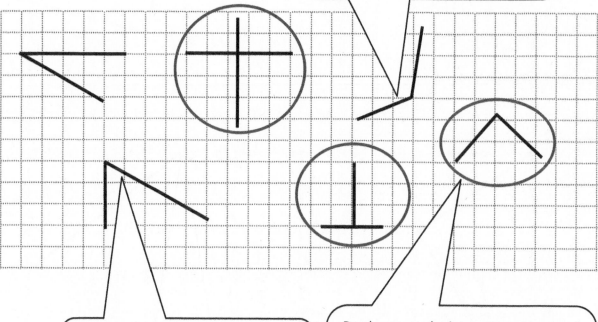

El ángulo formado por estos segmentos es menor que 90°. Estos segmentos *no* son perpendiculares.

Puedo usar cualquier cosa que sea un ángulo recto, como la esquina de una hoja de papel para ver si cabe en el ángulo donde las rectas se intersecan. Si Si cabe perfectamente entonces sé que las rectas son perpendiculares.

2. Dibuja un segmento perpendicular a cada segmento dado. Muestra tu razonamiento dibujando triángulos según sea necesario.

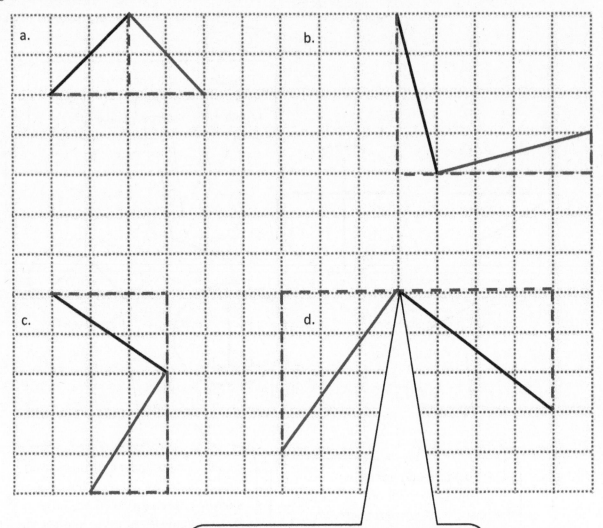

a.

b.

c.

d.

Puedo dibujar 2 lados faltantes para crear un triángulo. Después, si visualizo que lo roto y lo deslizo, puedo dibujar un segmento perpendicular dibujando el lado más largo del triángulo.

Lección 15:   Construir segmentos de recta perpendiculares en una cuadrícula rectangular.

EUREKA MATH

Nombre _____   Fecha _____

1. Encierra en un círculo los pares de segmentos que son perpendiculares.

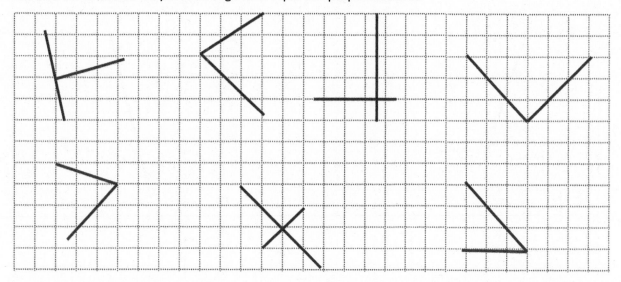

2. En el siguiente espacio, utiliza las plantillas de triángulos rectángulos para dibujar al menos 3 grupos diferentes de rectas perpendiculares.

EUREKA
MATH

Lección 15:   Construir segmentos de recta perpendiculares en una cuadrícula rectangular.

161

© 2019 Great Minds®. eureka-math.org

3. Dibuja un segmento perpendicular a cada segmento dado. Muestra tu razonamiento al dibujar triángulos, según sea necesario.

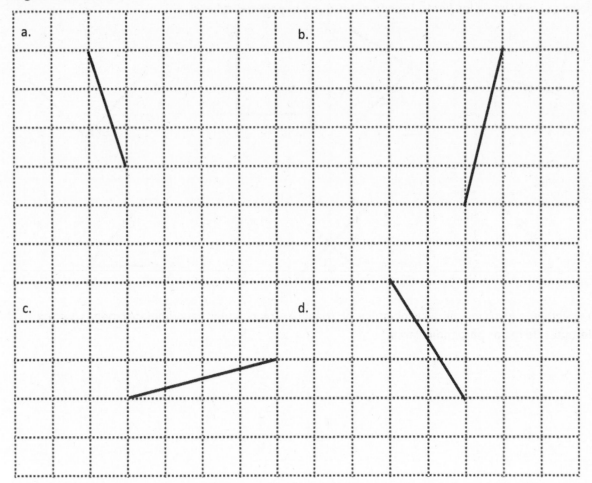

a.

b.

c.

d.

4. Dibuja 2 rectas perpendiculares diferentes a la recta *b*.

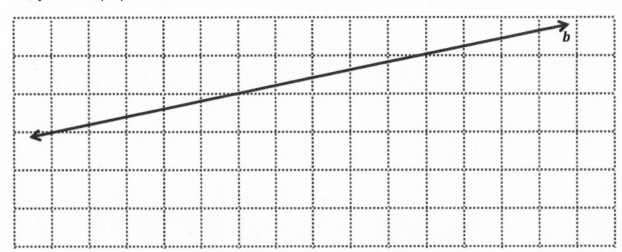

Lección 15:   Construir segmentos de recta perpendiculares en una cuadrícula rectangular.

EUREKA
MATH

1. En el triángulo recto debajo, el ángulo L mide 50°. ¿Cuánto mide el ángulo K?

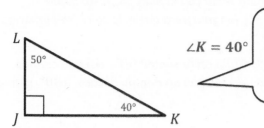

$\angle K = 40°$

La suma de *todos* los ángulos interiores es 180°. El triángulo JKL es un triángulo recto. Ya que $\angle J$ mide 90° y $\angle L$ mide 50°, $\angle K$ debe medir 40°.

$180° - 90° - 50° = 40°$

2. Usa el plano cartesiano de abajo para completar las siguientes tareas.

Después de que dibujo el triángulo recto puedo visualizar que se desliza y rota. Estos triángulos son iguales.

a. Traza $\overline{KL}$.

b. Traza el punto $(5, 8)$.

c. Traza $\overline{LM}$.

Este es un triángulo agudo como $\angle K$, en el Problema 1.

Este es un triángulo agudo como $\angle L$, en el Problema 1.

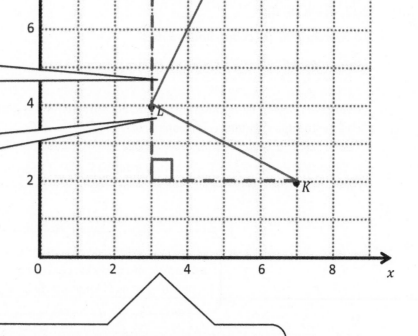

Los dos triángulos que dibujé están alineados para crear un ángulo de 180°, o un ángulo obtuso, a lo largo de la línea vertical de la cuadrícula. Así que si los dos ángulos agudos de los triángulos suman 90°, el ángulo en medio de ellos, $\angle MLK$, también debe medir 90°.

EUREKA MATH®   Lección 16:   Construir segmentos de recta perpendiculares y analizar las relaciones de los pares de coordenadas.   163

© 2019 Great Minds®. eureka-math.org

d. Explica cómo sabes que ∠MLK es un ángulo recto sin medirlo.

Usé las líneas de la cuadrícula para dibujar un triángulo recto con el lado $\overline{LK}$, justo como en el Problema 1. Después visualicé deslizar y rotar el triángulo para que el lado $\overline{LK}$ se emparejara con el lado $\overline{LM}$.

Sé que las medidas de los 2 ángulos agudos de un triángulo recto suman 90°. Así que cuando el lado largo del triángulo y los lados cortos del triángulo forman un ángulo obtuso, 180°, el ángulo entre ellos, ∠MLK, también es 90°.

e. Compara las coordenadas de los puntos L y K. ¿Cuál es la diferencia de las coordenadas x? ¿Y de las coordenadas Y?

L (3, 4) y K (7, 2)

La diferencia de las coordenadas x es 4.

La diferencia de las coordenadas y es 2.

f. Compara las coordenadas de los puntos L y M. ¿Cuál es la diferencia de las coordenadas x? ¿Y de las coordenadas y?

L (3, 4) y K (5, 8)

La diferencia de las coordenadas x es 2.

La diferencia de las coordenadas y es 4.

g. ¿Cuál es la relación de las diferencias que encontraste en las partes (e) y (f) con los triángulos de los cuales estos dos segmentos forman parte?

La diferencia en el valor de las coordenadas es 2 o 4. Eso tiene sentido para mí porque los triángulos de los cuales forman parte estos segmentos tienes una altura de 2 o 4 y una base 2 o 4.

Cuando visualizo que el triángulo se desliza y rota, tiene sentido que las coordenadas x y las coordenadas y cambien por un valor de 2 o 4 porque esa es la longitud de la altura y la base del triángulo.

Lección 16:   Construir segmentos de recta perpendiculares y analizar las relaciones de los pares de coordenadas.

EUREKA
MATH®

Nombre _____   Fecha _____

1. Utiliza el plano de coordenadas a continuación para completar las siguientes tareas.

   a. Dibuja $\overline{PQ}$.

   b. Traza el punto R (3, 8).

   c. Dibuja $\overline{PR}$.

   d. Explica cómo sabes que $\angle RPQ$ es un ángulo recto sin medirlo.

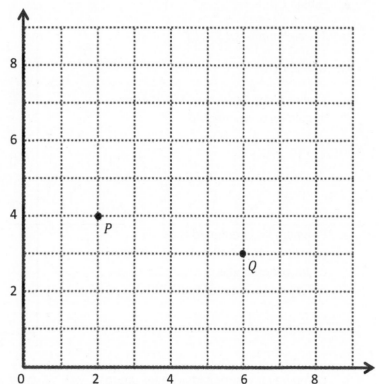

e. Compara las coordenadas de los puntos P y Q. ¿Cuál es la diferencia de las coordenadas x? ¿y de las coordenadas y?

f. Compara las coordenadas de los puntos P y R. ¿Cuál es la diferencia de las coordenadas x? ¿y de las coordenadas y?

g. ¿Cuál es la relación de las diferencias que encontraste en las partes (e) y (f) de los triángulos de los cuales estos dos segmentos forman parte?

EUREKA MATH®

Lección 16:   Construir segmentos de recta perpendiculares y analizar las relaciones de los pares de coordenadas.

165

© 2019 Great Minds®. eureka-math.org

2. Utiliza el plano de coordenadas a continuación para completar las siguientes tareas.

    a. Dibuja $\overline{CB}$.

    b. Traza el punto $D(\frac{1}{2}, 5\frac{1}{2})$.

    c. Dibuja $\overline{CD}$.

    d. Explica cómo sabes que $\angle DCB$ es un ángulo recto sin medirlo.

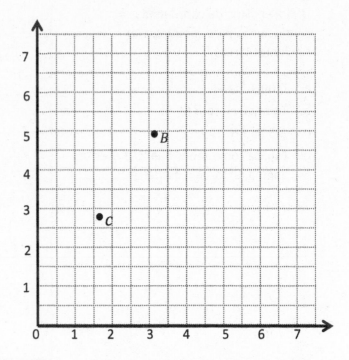

    e. Compara las coordenadas de los puntos C y B. ¿Cuál es la diferencia de las coordenadas x? ¿y de las coordenadas y?

    f. Compara las coordenadas de los puntos C y D. ¿Cuál es la diferencia de las coordenadas x? ¿y de las coordenadas y?

    g. ¿Cuál es la relación de las diferencias que encontraste en las partes (e) y (f) de los triángulos de los cuales estos dos segmentos forman parte?

3. $\overleftrightarrow{ST}$ contiene loss iguientes puntos S: (2, 3) D: (9, 6)

   Indica las coordenadas de un par de puntos U y V, de tal manera que $\overleftrightarrow{ST} \perp \overleftrightarrow{UV}$.

   U: (____ , ____) V: (____ , ____)

Lección 16:   Construir segmentos de recta perpendiculares y analizar las relaciones de los pares de coordenadas.

© 2019 Great Minds®. eureka-math.org

EUREKA MATH®

1. Dibuja para crear una figura que sea simétrica a $\overleftrightarrow{UR}$.

> Para crear una figura que sea simétrica a $\overleftrightarrow{UR}$, necesito encontrar los puntos que están dibujados usando una recta *perpendicular a* y *equidistante de* (a la misma distancia) la recta de simetría, $\overleftrightarrow{UR}$.

> La distancia desde este punto de la recta de simetría es igual a la distancia desde la recta de simetría al punto S, al medirla en una recta perpendicular a la recta de simetría.

2. Completa la siguiente estructura en el espacio de abajo.

   a. Traza 3 puntos no colineales, A, B, and C.

   > Sé que colineal significa que los puntos "están en la misma línea recta", así que no lineal debe significar que los tres puntos *no* están en la misma línea recta.

   b. Traza $\overrightarrow{AB}$, $\overline{AB}$ y $\overleftrightarrow{AC}$.

   c. Traza el punto D y dibuja los lados restantes, de forma que el cuadrilátero $ABCD$ sea simétrico de acuerdo a $\overleftrightarrow{AC}$.

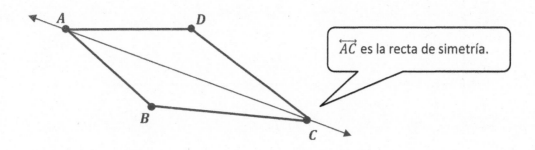

> $\overleftrightarrow{AC}$ es la recta de simetría.

Nombre _____   Fecha _____

1. Dibuja para crear una figura que sea simétrica con respecto a $\overleftrightarrow{DE}$.

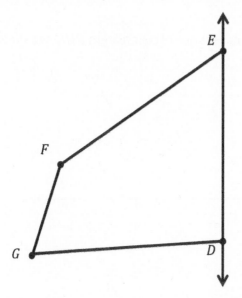

2. Dibuja para crear una figura que sea simétrica con respecto a $\overleftrightarrow{LM}$.

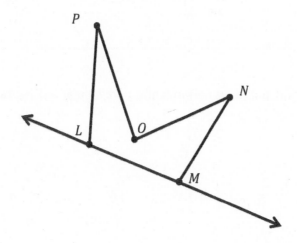

EUREKA MATH

Lección 17:   Dibujar figuras simétricas utilizando la medida del ángulo y la distancia desde la recta de simetría.

169

© 2019 Great Minds®. eureka-math.org

3. Completa el siguiente dibujo en el espacio a continuación.

   a. Traza 3 puntos no colineales, *J*, *H* e *I*.

   b. Dibuja $\overleftrightarrow{GH}$, $\overleftrightarrow{HI}$ e $\overrightarrow{IG}$.

   c. Traza el punto *J* y dibuja los lados restantes, de tal manera que el cuadrilátero *GHIJ* sea simétrico con respecto a $\overleftrightarrow{IG}$.

4. En el espacio a continuación, utiliza tus herramientas para dibujar una figura simétrica respecto a una recta.

EUREKA MATH

Usa el plano a la derecha para completar las siguientes tareas.

> Esta será una recta vertical.

a. Dibuja una recta h cuya regla sea x siempre es 7.

b. Traza en orden los puntos de la Tabla A en la cuadrícula. Después dibuja segmentos de recta para conectar los puntos en orden.

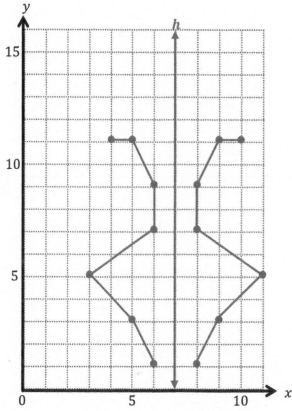

Tabla A

(x, y)
$(6, 1)$
$(5, 3)$
$(3, 5)$
$(6, 7)$
$(6, 9)$
$(5, 11)$
$(4, 11)$

Tabla B

(x, y)
$(8, 1)$
$(9, 3)$
$(11, 5)$
$(8, 7)$
$(8, 9)$
$(9, 11)$
$(10, 11)$

c. Completa el dibujo para crear una figura que sea simétrica de acuerdo a la recta h. Para cada punto en la Tabla A, registra el punto simétrico en el otro lado de la recta h.

d. Compara las coordenadas y en la Tabla A con las de la Tabla B. ¿Qué notas?

   Las coordenadas y en la Tabla A son iguales que en la Tabla B. Dado que la recta de simetría es una recta vertical, solo las coordenadas x cambiarán.

e. Compara las coordenadas x en la Tabla A con las de la Tabla B. ¿Qué notas?

   Noto que la diferencia en las coordenadas x siempre es un número par porque la distancia entre un punto y la recta h tiene que duplicarse.

Nombre _____   Fecha _____

1. Usa el plano hacia la derecha para completar las
    siguientes tareas.

    a. Dibuja una recta *s* cuya regla sea *x es siempre 5*.

    b. Traza los puntos de la Tabla A en la cuadricula, en
        orden. Después, dibuja los segmentos de recta para
        conectar los puntos.

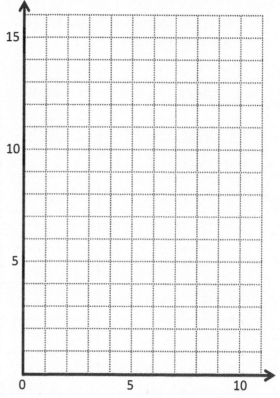

Tabla A	Tabla B
(x, y)	(x, y)
(1, 13)	
(1, 12)	
(2, 10)	
4; 9	
(4, 3)	
(1, 2)	
(5, 2)	

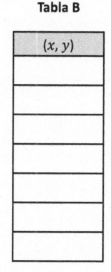

    c. Completa el dibujo para crear una figura que sea simétrica respecto a la recta *s*. Para cada punto en
        la Tabla A, registra el punto simétrico al otro lado de la *s*.

    d. Compara las coordenadas *y* de la Tabla A con las de la Tabla B. ¿Qué observas?

    e. Compara las coordenadas *x* de la Tabla A con las de la Tabla B. ¿Qué observas?

2. Usa el plano de la derecha para completar las siguientes tareas.

    a. Dibuja una recta p cuya regla sea *y es igual a x*.

    b. Traza los puntos de la Tabla A en la cuadrícula, en orden. Después, dibuja los segmentos de recta para conectar los puntos.

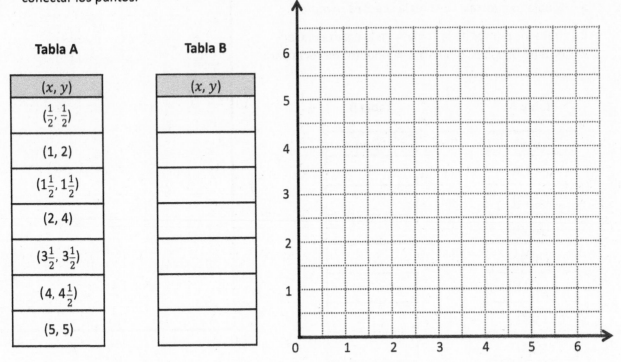

Tabla A

(x, y)
$(\frac{1}{2}, \frac{1}{2})$
$(1, 2)$
$(1\frac{1}{2}, 1\frac{1}{2})$
$(2, 4)$
$(3\frac{1}{2}, 3\frac{1}{2})$
$(4, 4\frac{1}{2})$
$(5, 5)$

Tabla B

(x, y)

    c. Completa el dibujo para crear una figura que sea simétrica respecto a la recta p. Para cada punto en la Tabla A, registra el punto simétrico al otro lado de la recta p, en la Tabla B.

    d. Compara las coordenadas y de la Tabla A con las de la Tabla B. ¿Qué observas?

    e. Compara las coordenadas x de la Tabla A con las de la Tabla B. ¿Qué observas?

EUREKA MATH

1. La gráfica lineal registra el saldo de la cuenta de cheques de Sheldon al final de cada día entre el 10 de junio y el 24 de junio. Usa la información en la gráfica para contestar las siguientes preguntas.

Sé que es importante leer la escala en el eje vertical para saber a qué unidades se refiere la información. En esta gráfica, el 1 significa $1,000 y el 2 significa $2,000. Puedo ver que cada línea en la cuadrícula cuenta salteado por $250.

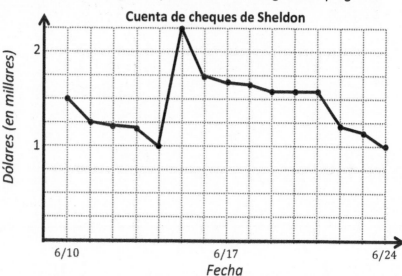

Cuenta de cheques de Sheldon

Dólares (en millares)

Fecha

a. ¿Cuánto dinero tiene Sheldon en su cuenta de cheques el 10 de junio?

Sheldon tiene $1,500 en su cuenta el 10 de junio. Puedo saberlo porque el punto está en línea exactamente entre $1,000 y $2,000.

b. Si Sheldon gasta $250 de su cuenta de cheques el 24 de junio, ¿cuánto dinero le quedará en su cuenta?

A Sheldon le quedarán $750. ◄─── $1,000 − $250 = $750

c. Sheldon recibió un pago de su trabajo que fue directamente a su cuenta de cheques. ¿En qué día es más probable que haya ocurrido esto? Explica cómo lo sabes.

La cantidad de dinero en su cuenta aumentó $1,250 el 15 de junio. Este es muy probablemente el día en que se le pagó por su trabajo.

d. Sheldon pagó la renta de su departamento con su cuenta de cheques durante el tiempo que se muestra en la gráfica. ¿En qué día es más probable que haya ocurrido esto? Explica cómo lo sabes.

Sheldon pudo haber pagado su renta el 16 de junio o el 22 de junio. Hay dos días en los que la cuenta de Sheldon bajó rápidamente.

Nombre _____   Fecha _____

1. La gráfica lineal a continuación refleja el saldo de la cuenta corriente de Howard, al final de cada día, entre el 12 de mayo y el 26 de mayo. Utiliza la información de la gráfica para contestar las preguntas que siguen.

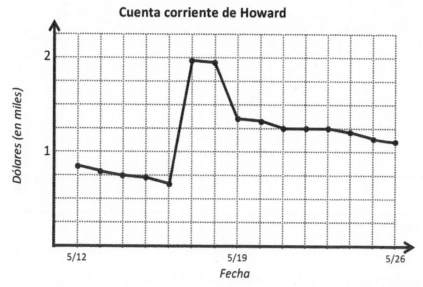

a. ¿Aproximadamente cuánto dinero tenía Howard en su cuenta corriente el 21 de mayo?

b. Si Howard gasta $250 de su cuenta corriente el 26 de mayo, ¿aproximadamente cuánto dinero le quedará en su cuenta?

c. Explica lo que sucedió con el dinero de Howard entre el 21 y el 23 de mayo.

d. Howard recibió un pago de su trabajo que fue directamente a su cuenta corriente. ¿En qué día es más probable que haya ocurrido? Explica cómo lo sabes.

e. Howard compró un nuevo televisor a la hora que se muestra en la gráfica. ¿En qué día es más probable que hay ocurrido? Explica cómo lo sabes.

EUREKA MATH®

2. La gráfica lineal a continuación refleja el tiempo de Santino al principio y al final de cada parte de un triatlón. Utiliza la información de la gráfica para contestar las preguntas que siguen.

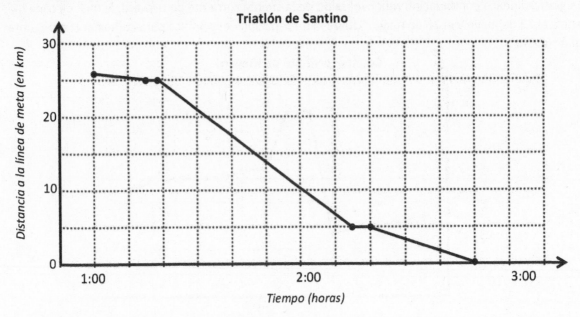

Triatlón de Santino

a. ¿Cuánto tiempo tarda Santino en terminar el triatlón?

b. Para completar el triatlón, Santino primero nada a través de un lago, después, pedalea por la ciudad y acaba corriendo alrededor del lago. Según la gráfica, ¿qué distancia hizo corriendo durante la carrera?

c. Durante la carrera, Santino hizo una pausa para ponerse las zapatillas y el casco de andar en bicicleta y después cambió sus zapatillas para correr. ¿En qué momento es más probable que haya ocurrido? Explica cómo lo sabes.

d. ¿Qué parte de la carrera acabó más rápido Santino? ¿Cómo lo sabes?

e. ¿Durante qué parte del triatlón Santino corrió más rápido? Explica cómo lo sabes.

EUREKA
MATH

Usa la gráfica para contestar las preguntas.

Héctor salió de su casa a las 6:00 a.m. a entrenar para una carrera de bicicleta. Usó su reloj con GPS para saber el número de millas que recorre al final de cada hora de su viaje. Subió la información a su computadora, la cual le dio la gráfica líneal de abajo.

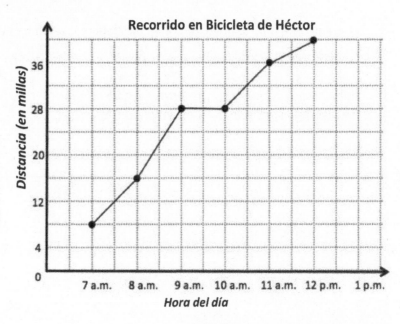

Aunque la recta no empieza en 0, sé que empezó a las 6:00 a.m., así que tuvo que recorrer 0 millas en este punto.

a. ¿Cuánto recorrió Héctor en total? ¿Cuánto tiempo le tomó?

Héctor viajó 40 millas en 6 horas.

Héctor empezó a las 6:00 a.m. y se detuvo al mediodía. Son 6 horas.

El último punto en la información a las 12:00 p.m. muestra 40 millas.

EUREKA MATH®

b. Héctor tomó un descanso de una hora para comer un bocadillo y tomar algunas fotos. ¿A qué hora se detuvo? ¿Cómo lo sabes?

Héctor tomó su descanso de 9 a.m. a 10 a.m. La recta horizontal en el tiempo me dice que la distancia de Héctor no cambió; por lo tanto, no estaba andando en bicicleta durante esa hora.

c. ¿Durante qué hora anduvo Héctor en bicicleta más lentamente?

La hora más lenta de Héctor fue su última, entre 11:00 a.m. y mediodía. Solo anduvo 4 millas en esa última hora, mientras que las otras horas anduvo mínimo 8 millas (excepto cuando tomó su descanso).

También sé que puedo ver qué tan inclinada está la recta entre los dos puntos para ayudarme a saber qué tan rápida o lentamente Héctor anduvo en bicicleta. La recta no está muy inclinada entre las 11:00 a.m. y mediodía, así que sé que esa fue su hora más lenta.

EUREKA
MATH

Nombre _____   Fecha _____

Usa la gráfica para responder las preguntas.

Johnny salió de su casa a las 6 de la mañana y mantuvo un registro del número de kilómetros que recorrió al final de cada hora de su viaje. Registró los datos en una gráfica lineal.

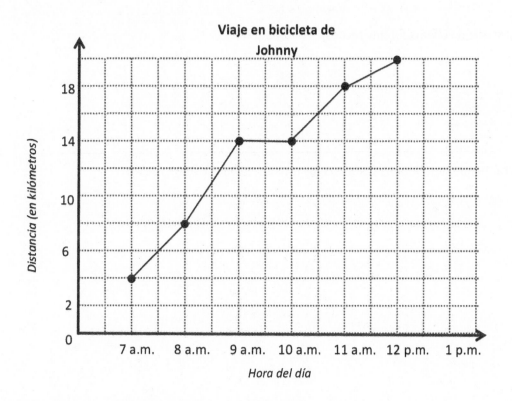

a. ¿Qué tan lejos viajó Johnny? ¿Cuánto tiempo tardó?

b. Johnny tomó una hora de descanso para tomar un aperitivo y tomar algunas fotos. ¿A qué hora se detuvo?, ¿cómo lo sabes?

Lección 20:   Utilizar sistemas de coordenadas para resolver problemas reales.

181

c. ¿Johnny cubrió más distancia antes o después de su descanso? Explica.

d. ¿Entre qué dos horas Johnny recorrió 4 kilómetros?

e. ¿Durante qué hora Johnny pedaleó más rápido? Explica cómo lo sabes.

EUREKA
MATH®

Meyer leyó cuatro veces más libros que Zenin. Lenox leyó tantos como Meyer y Zenin combinados. Parks leyó la mitad de libros que Zenin. En total, los cuatro leyeron 147 libros. ¿Cuántos libros leyó cada niño?

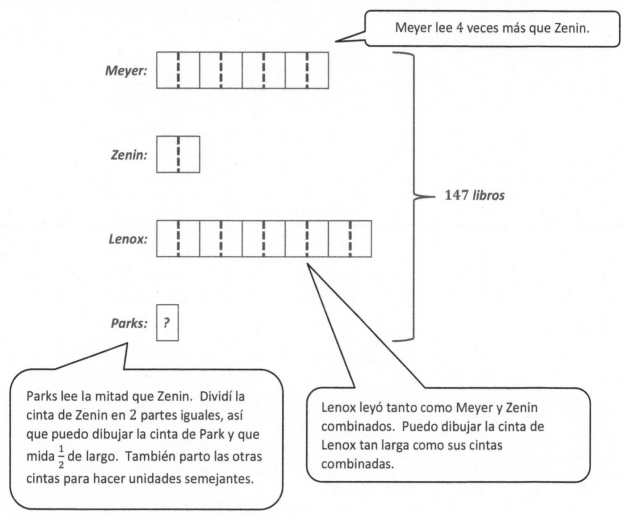

Meyer lee 4 veces más que Zenin.

Meyer:

Zenin:

147 *libros*

Lenox:

Parks: ?

Parks lee la mitad que Zenin. Dividí la cinta de Zenin en 2 partes iguales, así que puedo dibujar la cinta de Park y que mida $\frac{1}{2}$ de largo. También parto las otras cintas para hacer unidades semejantes.

Lenox leyó tanto como Meyer y Zenin combinados. Puedo dibujar la cinta de Lenox tan larga como sus cintas combinadas.

21 *unidades* = 147 *libros*

1 *unidad* = 147 *libros* ÷ 21 = 7 *libros*

                    Parks leyó 7 libros.

7 × 8 = 56   ***Meyer leyó 56 libros.***

7 × 2 = 14   ***Zenin leyó 14 libros.***

56 + 14 = 70   ***Lenox leyó 70 libros.***

Nombre _____   Fecha _____

1. Sara viaja el doble que Eli cuando va a acampar. Ashley viaja tan lejos como Sara y Eli juntos. Hazel viaja 3 veces más lejos que Sara. En total, los cuatro viajan 888 millas para ir a acampar. ¿Qué tan lejos viaja cada uno?

Lección 21:   Entender problemas complejos, de varios pasos y perseverar en su resolución. Compartir y criticar las soluciones de los compañeros.

185

© 2019 Great Minds®. eureka-math.org

El siguiente problema es un desafío mental para que lo disfrutes. Se pretende fomentar el trabajo en equipo y la diversión familiar al resolver problemas. No es un elemento necesario de esta tarea.

2. Un hombre quiere llevar una cabra, una bolsa de repollo y un lobo a una isla. Su barco solo puede llevarlo a él y a un animal o un artículo. Si la cabra está con el repollo, se lo va a comer. Si el lobo está con la cabra, se la va a comer. ¿Cómo puede el hombre transportarlos a los tres a la isla sin que ninguno se coma algo?

Lección 21:   Entender problemas complejos, de varios pasos y perseverar en su resolución. Compartir y criticar las soluciones de los compañeros.

EUREKA
MATH

Resuelve usando cualquier método. Muestra todo tu razonamiento.

> Sé que los cuadrados tienen 4 lados de igual longitud.

Estudia este diagrama que muestra todos los cuadrados. Llena la tabla.

Figura	Área en centímetros cuadrados
1	9 cm^2
2	81 cm^2
3	36 cm^2
5	9 cm^2
6	9 cm^2

> La tabla dice que el área de la Figura 1 es 9 cm^2.
> $3 \text{ cm} \times 3 \text{ cm} = 9 \text{ cm}^2$
> Sé que cada lado de la Figura 1 mide 3 cm de largo.

> Las figuras 5 y 6 son del mismo tamaño que la Figura 1. También tienen un área de 9 cm^2.

Figura 3:

$3 \text{ cm} + 3 \text{ cm} = 6 \text{ cm}$

$6 \text{ cm} \times 6 \text{ cm} = 36 \text{ cm}^2$

> La Figura 3 comparte un lado con las Figuras 5 y 6. Ya que las longitudes de los lados de las Figuras 5 y 6 miden 3 cm cada uno, la longitud del lado de la Figura 3 debe ser 6 cm.

Figura 2:

$6 \text{ cm} + 3 \text{ cm} = 9 \text{ cm}$

$9 \text{ cm} \times 9 \text{ cm} = 81 \text{ cm}^2$

> La Figura 2 comparte un lado con las Figuras 3 y 5. Ya que las longitudes de los lados de las Figuras 3 y 5 miden 6 cm y 3 cm, respectivamente, la longitud del lado de la Figura 2 debe ser 9 cm.

EUREKA MATH®   Lección 22:   Entender problemas complejos, de varios pasos y perseverar en su resolución. Compartir y criticar las soluciones de los compañeros.   187

© 2019 Great Minds®. eureka-math.org

Nombre _____   Fecha _____

Resuelve usando cualquier método. Muestra todo tu razonamiento.

1.   Estudia este diagrama que muestra todos los cuadrados. Completa la tabla.

Figura	Área en pies cuadrados
1	1 pie²
2	
3	
4	9 pies²
5	
6	1 pie²
7	
8	
9	
10	
11	

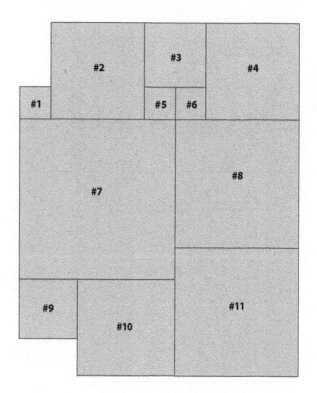

Lección 22:   Entender problemas complejos, de varios pasos y perseverar en su
resolución. Compartir y criticar las soluciones de los compañeros.

189

El siguiente problema es un desafío mental para que lo disfrutes. Se pretende fomentar el trabajo en equipo y la diversión familiar al resolver problemas. No es un elemento necesario de esta tarea.

2. Retira 3 cerillos para dejar 3 triángulos.

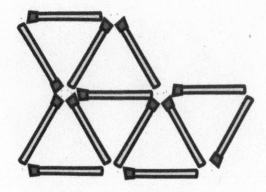

Lección 22:   Entender problemas complejos, de varios pasos y perseverar en su
                 resolución. Compartir y criticar las soluciones de los compañeros.

EUREKA
MATH

En el diagrama la longitud de la Figura B es $\frac{4}{7}$ de la longitud de la Figura A. La Figura A tiene un área de 182 in². Encuentra el perímetro de la figura entera.

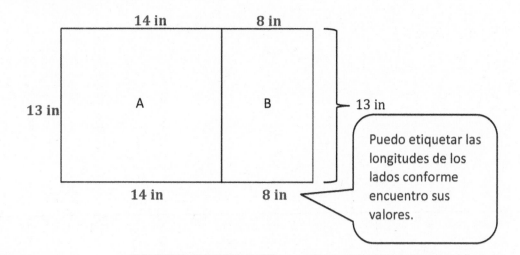

Puedo etiquetar las longitudes de los lados conforme encuentro sus valores.

Puedo encontrar la longitud de la Figura A dividiendo el área entre la anchura.

Ahora que sé la longitud de la Figura A, puedo usarla para encontrar la longitud de la Figura B.

Puedo encontrar el perímetro de la figura entera sumando todos los lados.

Figura A:

Área = longitud × anchura

$182 = \underline{\quad} \times 13$

$182 \div 13 = 14$

La longitud de la Figura A es 14 pulgadas.

Figura B:

$\frac{4}{7}$ *de 14 pulgadas*

$\frac{4}{7} \times 14$

$= \frac{4 \times 14}{7}$

$= \frac{56}{7}$

$= 8$

La longitud de la Figura B es 8 pulgadas.

Figura entera:

$14 + 8 + 13 + 8 + 14 + 13 = 70$

El perímetro de la figura entera es 70 pulgadas.

Lección 23:   Entender problemas complejos, de varios pasos y perseverar en su resolución. Compartir y criticar las soluciones de los compañeros.

191

EUREKA MATH®

Nombre _____   Fecha _____

1. En el diagrama, la longitud de la figura S es $\frac{2}{3}$ de la longitud de la Figura T. Si S tiene un área de 368 cm², encuentra el perímetro de la figura.

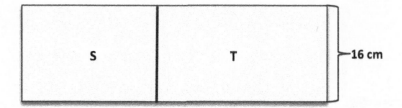

Lección 23:   Entender problemas complejos, de varios pasos y perseverar en su
               resolución. Compartir y criticar las soluciones de los compañeros.

© 2019 Great Minds®. eureka-math.org

193

Los siguientes problemas son desafíos mentales para que te diviertas. Se pretende fomentar el trabajo en equipo y la diversión familiar al resolver problemas y no es un elemento necesario de esta tarea.

2. Coloca 12 cerillos y acomódalos como en la cuadrícula que se muestra a continuación y después, retira 2 cerillos para que queden 2 cuadrados. ¿Cómo puedes hacer eso? Dibuja la nueva disposición.

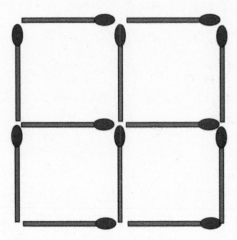

3. Moviendo solo 3 cerillos puedes hacer que los peces den la vuelta y naden en dirección opuesta. ¿Cuáles cerillos moviste? Dibuja la nueva forma.

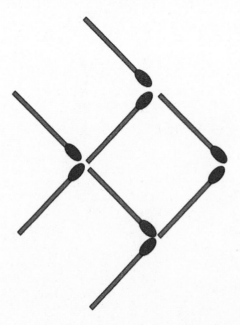

Lección 23:   Entender problemas complejos, de varios pasos y perseverar en su resolución. Compartir y criticar las soluciones de los compañeros.

EUREKA MATH

El campamento de béisbol de Howard les dio la bienvenida a 96 atletas en el primer día del campamento. Cinco octavos de los atletas empezaron a practicar bateo. El entrenador de bateo envió $\frac{2}{5}$ de los bateadores a trabajar en toque de bola. La mitad de los tocadores de bola eran zurdos. Los tocadores de bola que son zurdos fueron colocados en equipos de 2 para practicar juntos. ¿Cuántos equipos de 2 estaban practicando toque de bola?

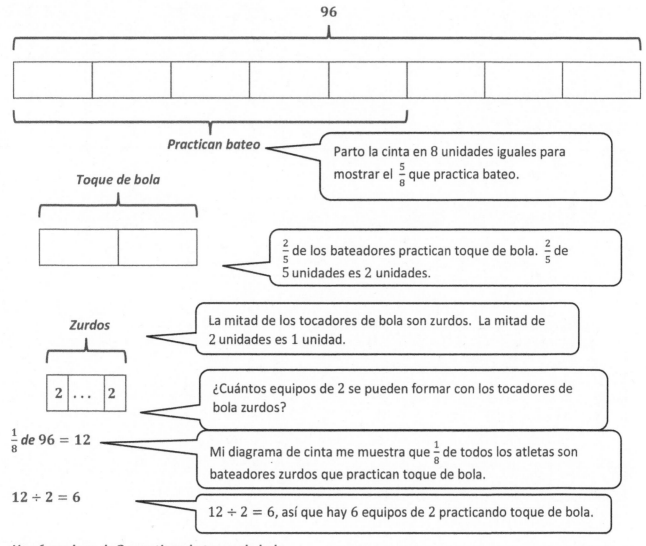

Hay 6 equipos de 2 practicando toque de bola.

EUREKA MATH®

Lección 24:   Entender problemas complejos, de varios pasos y perseverar en su resolución. Compartir y criticar las soluciones de los compañeros.

195

© 2019 Great Minds®. eureka-math.org

Nombre _____   Fecha _____

1. La granja de patatas de Pat dio 490 libras de patatas. Pat entregó $\frac{3}{7}$ de las patatas a un puesto de

    verduras. El propietario del puesto de verduras entregó $\frac{2}{3}$ de las patatas que compró a una tienda local de

    comestibles, la cual empaquetó la mitad de las patatas que fueron entregadas en bolsas de 5 libras.

    ¿Cuántas bolsas de 5 libras empaquetó la tienda de comestibles?

Lección 24:   Entender problemas complejos, de varios pasos y perseverar en su
              resolución. Compartir y criticar las soluciones de los compañeros.

© 2019 Great Minds®. eureka-math.org

197

Los siguientes problemas son desafíos mentales para que te diviertas. Se pretende fomentar el trabajo en equipo y la diversión familiar al resolver problemas y no es un elemento necesario de esta tarea.

2. Seis cerillos están puestos en forma de un triángulo equilátero. ¿Cómo puedes organizarlos en 4 triángulos equiláteros sin separarlos o superponerlos? Dibuja la nueva forma.

3. El perro de Kenny, Charlie, ¡es muy inteligente! La semana pasada, Charlie enterró 7 huesos en total. Los enterró en 5 líneas rectas y puso 3 huesos en cada línea. ¿Cómo es posible? Dibuja cómo enterró Charlie los huesos.

EUREKA MATH

Jason y Selena al principio tenían $96 entre los dos. Después de que Jason gastó $\frac{1}{5}$ de su dinero y Selena prestó $15 de su dinero, les quedó la misma cantidad de dinero a cada uno. ¿Cuánto dinero tenía cada uno al principio?

Esto es importante. *Después de* que Jason gasta y Selena presta, *entonces* les queda la misma cantidad. Necesito asegurarme de que mi diagrama muestre esto.

Parto la cinta que representa el dinero de Jason en 5 partes iguales para mostrar el $\frac{1}{5}$ que gastó.

gastó

Jason:

$96

Selena: $15

prestó

Mi modelo me muestra que 9 unidades, más los $15 que Selena prestó es igual a $96.

Para mostrar que a Selena y Jason les queda la misma cantidad de dinero, parto la cinta que representa el dinero de Selena de la misma forma que hice con el de Jason.

9 *unidades* + $15 = $96

9 *unidades* = $81

1 *unidad* = $81 ÷ 9 = $9

Ahora que sé el valor de 1 unidad, puedo averiguar cuánto dinero tenía cada uno al principio.

<u>Jason:</u>

1 *unidad* = $9

5 *unidades* = 5 × $9 = $45

Jason tenía $45 *al principio.*

<u>Selena:</u>

1 *unidad* = $9

4 *unidades* = 4 × $9 = $36

$36 + $15 = $51

Selena tenía $51 *al principio.*

Lección 25:   Entender problemas complejos, de varios pasos y perseverar en su resolución. Compartir y criticar las soluciones de los compañeros.   199

EUREKA MATH®

© 2019 Great Minds®. eureka-math.org

Nombre _____   Fecha _____

1. Fred y Etil tenían 132 flores en total, al principio. Después que Fred vendió $\frac{1}{4}$ de sus flores y Ethyl vendió 48 de sus flores, quedaron con el mismo número de flores. ¿Cuántas flores tenía cada uno al principio?

Lección 25:   Entender problemas complejos, de varios pasos y perseverar en su
              resolución. Compartir y criticar las soluciones de los compañeros.

© 2019 Great Minds®. eureka-math.org

201

Los siguientes problemas son desafíos mentales para que te diviertas. Se pretende fomentar el trabajo en equipo y la diversión familiar al resolver problemas y no es un elemento necesario de esta tarea.

2. Sin quitar ninguno, mueve 2 cerillos para hacer 4 cuadrados idénticos. ¿Qué cerillos moviste? Dibuja la nueva forma.

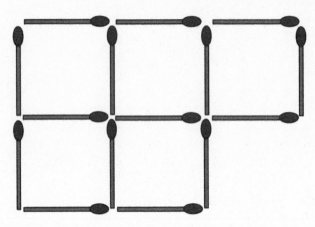

3. Mueve 3 cerillos para formar exactamente (y solo) 3 cuadrados idénticos. ¿Cuáles cerillos moviste? Dibuja la nueva forma.

Lección 25:   Entender problemas complejos, de varios pasos y perseverar en su
                            resolución. Compartir y criticar las soluciones de los compañeros.

                        © 2019 Great Minds®. eureka-math.org

EUREKA
MATH

1. Para la frase debajo, escribe una expresión numérica y después evalúa tu expresión.

Resta tres medios de un sexto de cuarenta y dos.

$$\frac{1}{6} \times 42 - \frac{3}{2}$$

> Aunque dice la palabra "*resta*" primero, necesito tener algo de qué restar. Así que no voy a restar hasta que encuentre el valor de "*un sexto de cuarenta y dos*".

$$= \frac{42}{6} - \frac{3}{2}$$

$$= 7 - \frac{3}{2}$$

$$= 7 - 1\frac{1}{2}$$

$$= 5\frac{1}{2}$$

2. Escribe al menos 2 expresiones numéricas para la frase debajo. Después resuelve.

Dos quintos de nueve

$$\frac{2}{5} \times 9 \qquad\qquad \left(\frac{1}{5} \times 9\right) \times 2$$

$$\frac{2}{5} \times 9$$

> Esto es "*un quinto de nueve, duplicado*" lo cual es igual a "*dos quintos de nueve*".

$$= \frac{2 \times 9}{5}$$

$$= \frac{18}{5}$$

> "*Dos quintos de nueve*" es igual a $3\frac{3}{5}$.

$$= 3\frac{3}{5}$$

3. Usa <, >, o = para hacer enunciados numéricos verdaderos sin calcular. Explica tu razonamiento.

a. $\left(481 \times \frac{9}{16}\right) \times \frac{2}{10}$ $\left(481 \times \frac{9}{16}\right) \times \frac{7}{10}$

Ambas expresiones tienen el mismo primer factor, $\left(481 \times \frac{9}{16}\right)$.

Los segundos factores son diferentes, y como $\frac{7}{10}$ es mayor que $\frac{2}{10}$, la expresión a la derecha es mayor.

b. $\left(4 \times \frac{1}{10}\right) + \left(9 \times \frac{1}{100}\right)$ 0.409

La expresión a la izquierda es igual a 0.49.

La expresión a la derecha también tiene 0 unidades y 4 décimas, pero hay 0 centésimas en 0.409.

EUREKA
MATH

Nombre _____   Fecha _____

1. Para cada expresión escrita, escribe una expresión numérica y después evalúa tu expresión.

a. Cuarenta veces la suma de cuarenta
y tres y cincuenta y siete

Expresión numérica:

Solución:

b. Divide la diferencia entre un millar tres
centenas y nueve centenas cincuenta
unidades por cuatro.

Expresión numérica:

Solución:

c. Siete veces el cociente de cinco y siete
y tres doceavos

Expresión numérica:

Solución:

d. Un cuarto de la diferencia de cuatro sextos

Expresión numérica:

Solución:

2. Escribe por lo menos 2 expresiones numéricas para cada expresión escrita a continuación. Después, resuelve.

   a. Tres quintos de siete

   b. Un sexto del producto de cuatro y ocho

3. Usa <, > o = para hacer enunciados numéricos verdaderos sin calcular. Explica tu razonamiento.

   a.   4 décimas + 3 decenas + 1 milésimas $\bigcirc$ 30.41

   b. $(5 \times \frac{1}{10}) + (7 \times \frac{1}{1000})$ $\bigcirc$ 0.507

   c. 8×7.20 $\bigcirc$ $8 \times 4.36 + 8 \times 3.59$

      Lección 27:   Reafirmar la escritura e interpretación de expresiones numéricas.

© 2019 Great Minds®. eureka-math.org

EUREKA MATH®

1. Usa el proceso LDE para resolver el problema de abajo.

    Daquan trajo 32 pastelitos a la escuela. De esos pastelitos, $\frac{3}{4}$ eran de chocolate y el resto eran de vainilla. Los compañeros de clase de Daquan se comieron $\frac{5}{8}$ de los pastelitos de chocolate y $\frac{3}{4}$ de los de la vainilla. ¿Cuántos pastelitos quedan?

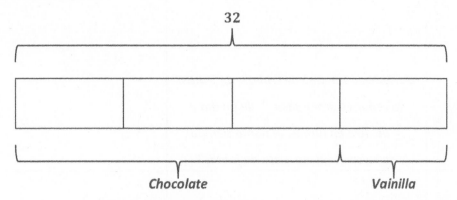

Chocolate

(de los cuales se comieron $\frac{5}{8}$)

Vainilla

(de los cuales se comieron $\frac{3}{4}$)

De todos los pastelitos, 24 son de chocolate.

De los pastelitos, 8 son de vainilla.

Se comieron de chocolate:

$\frac{3}{4}$ *de* $32 = \frac{3 \times 32}{4} = \frac{96}{4} = 24$

$\frac{5}{8}$ *de* $24 = \frac{5 \times 24}{8} = \frac{120}{8} = 15$

Se comieron de vainilla:

$\frac{1}{4}$ *de* $32 = \frac{1 \times 32}{4} = \frac{32}{4} = 8$

$\frac{3}{4}$ *de* $8 = \frac{3 \times 8}{4} = \frac{24}{4} = 6$

De los 24 pastelitos de chocolate, se comieron 15.

De los 8 pastelitos de vainilla, se comieron 6.

Se comieron 15 pastelitos de chocolates.

Se comieron 6 pastelitos de vainilla.

Pastelitos que quedan:

$32 - (15 + 6) = 32 - 21 = 11$

Quedan 11 pastelitos.

Encuentro el número de pastelitos que quedan restando los que se comieron de los 32 pastelitos originales.

2. Escribe y resuelve un problema escrito para la expresión en la tabla de abajo.

Expresión	Problema escrito	Solución
$5 - \left(\frac{5}{12} + \frac{1}{3}\right)$	*Durante su semana de trabajo de 5 días, la señora Gómez pasa $\frac{5}{12}$ de un día y $\frac{1}{3}$ de otro en juntas. ¿Cuánto tiempo de su semana <u>no</u> pasa en juntas?*	$5 - \left(\frac{5}{12} + \frac{1}{3}\right)$ $= 5 - \left(\frac{5}{12} + \frac{4}{12}\right)$ $= 5 - \frac{9}{12}$ $= 4\frac{3}{12}$ $= 4\frac{1}{4}$ *$4\frac{1}{4}$ días de la semana de trabajo de la señora Gómez no lo pasa en juntas.*

Lección 27:   Reafirmar la escritura e interpretación de expresiones numéricas.

EUREKA
MATH

Nombre _____   Fecha _____

1. Utiliza el proceso de LDE para resolver los problemas escritos a continuación.

   a. Hay 36 estudiantes en la clase del Sr. Meyer. De esos estudiantes, $\frac{5}{12}$ jugaron al congelado en el recreo, $\frac{1}{3}$ jugaron a la pelota y el resto jugaron baloncesto. ¿Cuántos estudiantes en la clase del Sr. Meyer jugaron baloncesto?

   b. Julie compró 24 manzanas en la escuela para compartir con sus compañeros de clase. De esas manzanas, $\frac{2}{3}$ son de color rojo y el resto son de color verde. Los compañeros de Julie comieron $\frac{3}{4}$ de las manzanas rojas y $\frac{1}{2}$ verdes de las manzanas. ¿Cuántas manzanas le quedan?

Lección 27:   Reafirmar la escritura e interpretación de expresiones numéricas.

209

© 2019 Great Minds®. eureka-math.org

2. Escribe y resuelve un problema escrito para cada expresión en la tabla a continuación.

Expresión	Problema escrito	Solución
$144 \times \dfrac{7}{12}$		
$9 - \left(\dfrac{4}{9} + \dfrac{1}{3} \right)$		
$\dfrac{3}{4} \times (36 \times 12)$		

Lección 27:   Reafirmar la escritura e interpretación de expresiones numéricas.

EUREKA
MATH®

Nombre _____   Fecha _____

1. Usa lo que aprendiste hoy sobre tus habilidades de fluidez para contestar las siguientes preguntas.

   a. ¿Qué habilidades debes practicar este verano para desarrollar y mantener tu fluidez? ¿Por qué?

   b. Escribe un objetivo para ti sobre una habilidad que deseas trabajar durante este verano.

   c. Explica los pasos que puedes tomar para llegar a tu objetivo.

   d. ¿Cómo te ayudará este objetivo a ser un mejor estudiante en matemáticas?

Lección 28:   Reafirmar la fluidez en las habilidades de 5.° Grado.

211

2. En la tabla a continuación, planifica una nueva actividad de fluidez que puedes jugar en casa este verano para ayudarte a desarrollar o mantener una habilidad que enumeraste en el Problema 1 (a). Al planificar tu actividad, asegúrate de pensar en los factores que se enumeran a continuación:

   ▪ Los materiales que necesitarás.
   ▪ ¿Quién puede jugar contigo? (si se necesita más de 1 jugador).
   ▪ La utilidad de la actividad para desarrollar tus habilidades.

Habilidad:
Nombre de la actividad:
Materiales necesitados:
Descripción:

Lección 28:   Reafirmar la fluidez en las habilidades de 5.° Grado.

EUREKA MATH®

Usa tu regla, tu transportador y tu escuadra para ayudarte a dar tantos nombres como sea posible a cada figura de abajo. Después explica tu razonamiento para nombrar cada figura.

Figura	Nombres	Razonamiento para los nombres
a.	cuadrilátero trapecio	*Esta figura es un <u>cuadrilátero</u> porque es una figura cerrada con 4 lados.* *También es un <u>trapecio</u> porque tiene al menos un par de lados paralelos. Los lados de arriba y abajo con paralelos*
b. Uso mi transportador y mi regla para medir los ángulos y las longitudes de los lados. Esta figura tiene cuatro ángulos de 90° y cuatro lados iguales, lo que significa que es un cuadrado, pero también tiene otros nombres.	cuadrilátero trapecio paralelogramo rectángulo rombo cometa cuadrado	*Esta figura es un <u>cuadrilátero</u> porque es una figura cerrada con 4 lados.* *También es un <u>trapecio</u> porque tiene al menos un par de lados paralelos. De hecho, esta figura tiene 2 pares.* *Esta figura también es un <u>paralelogramo</u> porque los lados opuestos son paralelos y de igual longitud.* *También es un <u>rectángulo</u> porque tiene 4 ángulos rectos.* *Es un <u>rombo</u> porque los 4 lados miden lo mismo en longitud.* *También es un <u>cometa</u> porque tiene 2 pares de lados adyacentes que son iguales en longitud.* *Pero más específicamente es un <u>cuadrado</u> porque tiene 4 ángulos rectos y 4 lados con la misma longitud.*

Nombre _____ Fecha _____

1. Utiliza tu regla, transportador y escuadra para ayudarte a dar la mayor cantidad posible de nombres para cada figura a continuación. Después, explica tu razonamiento de cómo nombraste cada figura.

Figura	Nombres	Razonamiento de nombres
a.		
b.		
c.		
d.		

2. Marcos dibuja una figura que tiene las siguientes características:

    ▪ Exactamente 4 lados de 7 centímetros de largo cada uno.

    ▪ Dos conjuntos de rectas paralelas.

    ▪ Exactamente 4 ángulos que miden 35 grados, 145 grados 35 grados y 145 grados.

    a. Dibuja e indica la figura de Mark abajo.

    b. Indica tantos nombres de cuadriláteros como sea posible para la figura de Mark. Explica tu razonamiento de los nombres de las figuras de Mark.

    c. Enumera los nombres de la figura de Mark en el Problema 2 (b) en orden del menor específico al mayor específico. Explicatu razonamiento.

Lección 29:   Reafirmar el vocabulario de geometría.

EUREKA
MATH

Nombre _____ Fecha _____

Enseña a alguien en tu casa a jugar uno de los juegos que jugaste hoy con tus tarjetas de vocabulario ilustrado. Y luego responde las siguientes preguntas.

1. ¿Qué juegos jugaste?

2. ¿Quién jugó los juegos contigo?

3. ¿Cómo le enseñaste a alguien en casa a jugar?

4. ¿Has tenido que enseñarle a la persona que jugó contigo alguno de los conceptos de matemáticas antes de poder jugar? ¿cuáles? ¿cómo fue?

5. Cuando juegues estos juegos en casa de nuevo, ¿qué cambios harás? ¿por qué?

Notas de la lección

Para entender mejor los números de Fibonacci, ve el video corto "Doodling in Math: Spirals, Fibonacci, and Being a Plant" por Vi Hart (http://youtu.be/ahXIMUkSXX0).

1. En tus propias palabras, describe lo que sabes sobre los números de Fibonacci.

   Los números de Fibonacci son muy interesantes. Son una lista de números. Siempre puedes encontrar el siguiente número en la serie sumando los dos números que están antes de él.

   Por ejemplo, si una parte de la serie es 13 y después 21, entonces el siguiente número en la lista será 34 porque $13 + 21 = 34$.

   Puedo recordar los primeros números de Fibonacci:

   1, 1, 2, 3, 5, 8, 13, 21, 34.

2. Describe cómo se veía el dibujo que hiciste hoy en clase.

Puedo visualizar lo que dibujamos en clase. Se veía así:

Al principio el dibujo se veía solo como un montón de recuadros cuadrados dibujados uno cerca del otro, que tenían un lado en común. Pero después trazamos una recta diagonal a través de cada cuadrado. Después dibujamos una recta más curveada dentro de cada cuadrado y creó un patrón de espiral muy limpio, como el de un caracol marino.

Después de dibujarlo, escribimos la longitud lateral de cada cuadrado que dibujamos y nos dimos cuenta de que eran los números de Fibonacci. En otras palabras, los primeros 2 cuadrados que dibujamos tenían una longitud lateral de 1, después el siguiente cuadrado tenía una longitud lateral de 2, después 3, después 5, y así sucesivamente.

Nombre _____   Fecha _____

1. Enumera los números de Fibonacci hasta 21 y crea, en la siguiente gráfica, una espiral de cuadrados correspondientes a cada uno de los números que escribes.

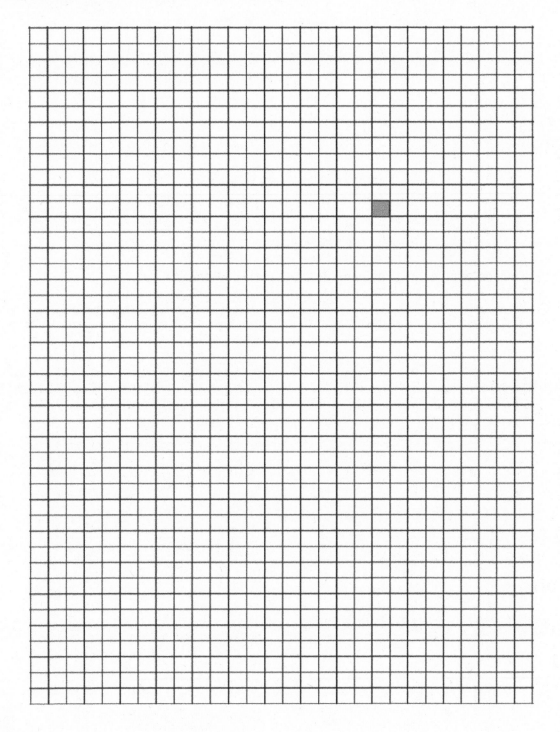

2. En el siguiente espacio, escribe la regla que genera la secuencia de Fibonacci.

3. Escribe al menos los primeros 15 números de la secuencia de Fibonacci.

Notas de la lección

Para entender mejor los números de Fibonacci, vea el video corto "Doodling in Math: Spirals, Fibonacci, and Being a Plant" por Vi Hart (http://youtu.be/ahXIMUkSXX0).

1. Completa la secuencia de Fibonacci en la tabla de abajo.

> Los valores en la hilera de arriba dicen el orden de los números en la secuencia. Por ejemplo, este es el 6.º número en la secuencia.

1	2	3	4	5	6	7	8	9
1	1	2	3	5	8	13	21	34

> Puedo encontrar el valor del siguiente número en la secuencia sumando los dos números previos. $5 + 8 = 13$; por lo tanto, el 7.º número en la secuencia es 13.

2. Si los 12.º y 13.º números en la secuencia son 144 y 233, respectivamente, ¿cuál es el 11.º número en la serie?

    ___ $+ 144 = 233$

    $233 - 144 = 89$ ◁ ¿Qué número más 144 es igual a 233? Puedo usar una resta para resolver.

    El 11.º número en la serie es 89.

Nombre _____   Fecha _____

1. Jonás jugó a la secuencia de Fibonacci que aprendió en clase. Completa la tabla que empezó.

1	2	3	4	5	6	7	8	9	10
1	1	2	3	5	8				

11	12	13	14	15	16	17	18	19	20

2. Al mirar los números, Jonás se dio cuenta de que podía jugar con ellos. Tomó dos números consecutivos en el patrón y los multiplicó por sí mismos y después los sumó. Encontró que hicieron otro número en el patrón. Por ejemplo, (3 × 3) + (2 × 2) = 13, otro número en el patrón. Jonás dijo que esto era cierto para cualquier par de números de Fibonacci consecutivos. ¿Jonás está en lo correcto? Muestra tu razonamiento dando por lo menos dos ejemplos de por qué estaba o no en lo correcto.

3. Los números de Fibonacci se pueden encontrar en muchos lugares de la naturaleza, por ejemplo, el número de pétalos de una margarita, el número de espirales en un piñón o en una piña e incluso en la forma en que crecen las ramas de un árbol. Encuentra un ejemplo de algo natural donde se pueda ver una secuencia de Fibonacci en acción y dibújalo aquí.

Encuentra una caja rectangular en tu casa. Usa una regla para medir las dimensiones de la caja al centímetro más cercano. Después calcula el volumen de la caja.

Encuentro el volumen de prismas rectangulares, o cajas, multiplicando las 3 dimensiones.

Volumen = longitud × anchura × altura

Artículo	Longitud	Anchura	Altura	Volumen
Caja de zapatos	8 cm	3 cm	6 cm	144 cm^3

La longitud de la caja de zapatos midió exactamente 7.5 cm, pero las indicaciones dicen que mida al centímetro más cercano. Redondeo hacia arriba 7.5 a 8.

$8 \times 3 \times 6 = 24 \times 6 = 144$
El volumen de la caja de zapatos es 144 centímetros cúbicos.

EUREKA MATH

Lección 33: Diseñar y construir cajas para guardar materiales a usar en verano.

227

Nombre _____ Fecha _____

1. Encuentra varias cajas rectangulares en tu casa. Usa una regla para medir las dimensiones de cada caja a la aproximación de un centímetro. Después, calcula el volumen de cada caja. El primero está parcialmente resuelto.

Artículo	Largo	Ancho	Altura	Volumen
Caja de jugo	11 cm	2 cm	5 cm	

2. Las dimensiones de una caja pequeña de jugo son 11 cm por 4 cm por 7 cm. La caja de jugo grande tiene la misma altura de 11 cm, pero el doble del volumen. Indica dos conjuntos de posibles dimensiones de la caja de jugo grande y el volumen.

Lección 33: Diseñar y construir cajas para guardar materiales a usar en verano.

229

© 2019 Great Minds®. eureka-math.org

Créditos

Great Minds® ha hecho todos los esfuerzos para obtener permisos para la reimpresión de todo el material protegido por derechos de autor. Si algún propietario de material sujeto a derechos de autor no ha sido mencionado, favor ponerse en contacto con Great Minds para su debida mención en todas las ediciones y reimpresiones futuras.